财富的根基

李嘉诚
给年轻人的10堂人生智慧课

成力◎编著

 海天出版社（中国·深圳）

图书在版编目 (CIP) 数据

财富的根基 : 李嘉诚给年轻人的10堂人生智慧课 /
成力编著. —深圳 : 海天出版社, 2016.4
（CEO给年轻人的人生经营课系列）
ISBN 978-7-5507-1522-6

Ⅰ . ①财… Ⅱ . ①成… Ⅲ . ①成功心理—青年读物
Ⅳ . ①B848.4-49
中国版本图书馆CIP数据核字(2015)第284662号

财富的根基：李嘉诚给年轻人的10堂人生智慧课
CAIFU DE GENJI : LIJIACHENG GEI NIANQINGREN DE 10 TANG RENSHENGZHIHUIKE

出 品 人　聂雄前
责任编辑　张绪华
责任技编　梁立新
封面设计　元明·设计

出版发行　海天出版社
地　　址　深圳市彩田南路海天大厦(518033)
网　　址　www.htph.com.cn
订购电话　0755-83460239（邮购）0755-83460202（批发）
设计制作　蒙丹广告0755-82027867
印　　刷　深圳市希望印务有限公司
开　　本　787mm×1092mm1/16
印　　张　15.25
字　　数　169千
版　　次　2016年4月第1版
印　　次　2016年4月第1次
定　　价　39.00元

多年来李嘉诚早已成为一个象征，一个华人商业领袖可以在这个财富世界上抵达的最高高度。他可以自谦说："假如我是一盏灯，能够照亮一条路就好了。"但所有追随者都相信，他能够照亮一条漫长宽阔的道路，通往财富帝国。

他掌控着香港的经济，他一年财富激增6成；他经营世界上最大的港口，享有顶级地产商和零售商的美誉，拥有最大移动手机运营商的头衔；他被美国《商业周刊》誉为"全球最佳企业家"，他统领的"和黄"集团被美国《财富》杂志封为"全球最赚钱公司"，唯有他能够在他的领域中频繁地被世界所感知，进而影响全球这一行业的未来。

李嘉诚对自己的一生有着清醒的认识。他不是天生的富家公子，奋斗道路也不是一帆风顺的。李嘉诚扼要地说出他的成功之道："因为我勤奋，我节俭，有毅力。我肯求知，建立良好的人际关系。"

现在，凡是有华人的地方，就知道李嘉诚的名字。李嘉诚亲身演绎了从身无分文的穷小子到华人首富的神话。他白手起家的商场经历令多少人为之敬佩。但这些对李嘉诚来说，不过是人生的一个过程而已。李嘉诚注重的不是获取财富的手段，而是宝贵的人生历练。

正如李嘉诚自己在演讲中说的："闹哄哄的'要不要当李嘉诚'的炒作，反而促使我对自己的旅程反思，如果一切有机会从头再来，我的命运会如何不同？

人生充满着很多'如果'，转折点比比皆是，往往也不由我们控制。如果战争没有摧毁我的童年，如果父亲没有在我童年时去世，如果我有机会继续升学，我的一生将如何改写？我对医学知识如此热诚，我会不会成为一个医生？我对推理与新发现充满兴趣，我会不会成为一个科学家？这一切永远没有答案，因为命运没有给我另类的选择，我成为今日的我。"

28岁的时候，他已经知道自己此生可以跟贫穷说再见，接下来只是乐于工作而工作，这一做就是50多年。李嘉诚表示："我内心已有非常好的保障，若一个人不知足，即使拥有很多财产也不会感到安心。举例来讲，如果看着比尔·盖茨的财富和你自己的距离那么大，那么你永远不会快乐。"

柳传志认为李嘉诚的独特之处在于两点："李嘉诚明显是个非常务实的人，他不会公司没做好就去忙慈善，但当他想做慈善的时候，又是很大的手笔。除了务实，他没有只局限在香港的地产业务上，也证明了他的视野超越了同辈许多企业家。"

从白手起家到富可敌国，从茶楼的跑堂到塑胶花大王再到地产大亨、股市大腕儿，人们看到的是李嘉诚作为一个成功商人的形象，但李嘉诚之所以能成为今天这么成功的商人，是因为他的真诚和信用，这才是他的财富根基。

本书将年近90岁李嘉诚的人生历程、成功之道、财富之悟熔于一炉，将李嘉诚一直秉承不弃的人生理念贯穿其中。翻开这本书，您将体悟到李嘉诚的成功之道。您可以反复阅读，进而吸收李嘉诚的人生智慧。

○目录

第一章

财富以真诚和信用为根基

——李嘉诚谈做人与成功

· 财富的根基 ·

李嘉诚给年轻人的 10 堂人生智慧课

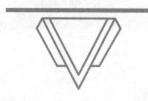

做生意，先学会做人

李嘉诚认为，作为企业家，每时每刻都在与人打交道，注意人们怎么想，怎么做，以及做什么都是日常工作中的一种必要。李嘉诚告诉孩子们："工商管理方面要学西方的科学管理知识，但在个人为人处世方面，则要学中国古代的哲学思想。不断修身养性，以谦虚的态度为人处世，以勤劳、忍耐和永恒的意志作为进取人生的战略。"

一个成功的商人首先应该是一个正直的人。李嘉诚身体力行，把做人放在第一位，把做生意放在第二位。换言之，要经商必先做人。小商人做生意，往往眼睛里只有钱，心里总是打着迷惑人的"小算盘"，这种"摆地摊"的经营方式是永远不可能做大的；而那些大商人，心明眼亮，把做人的利害关系看得尤为重要，因为他们懂得，善于做人可以给自己的生意带来无形的资产，为自己赢得大笔的财富。

李嘉诚就认为，只想贪得一点利润的人，一辈子充其量只是个小商人，而能把做人原则摆在第一位的人，才可能成为一代大商人。

李嘉诚说过："要想在商业上取得成功，首先要会做人，因为世情才是大学问。"在他经商成功的秘诀当中有两个字最重要，那就是"做人"。

　　李嘉诚不是一个目的性很强的人，他一直认为氛围比过程更重要，他深信培养音乐家，需要在襁褓时听曲子；培养运动员，需要在学步时开始蹦跳。这种商业培养到了他儿子们成年后则更有针对性。

　　李家兄弟在香港圣保罗男女小学上学。在这所顶级名校里，许多孩子都是车接车送，满身名牌，可他们却经常和爸爸一起挤电车上下学，以至两个孩子经常闷闷不乐地向父亲发问："为什么别的同学都有私家车专程接送，而您却不让家里的司机接送我们呢？"

　　每次听到兄弟俩的质疑，李嘉诚都会笑着解释："在电车、巴士上，你们能见到不同职业、不同阶层的人，能够看到最平凡的生活、最普通的人，那才是真实的生活，真实的社会；而坐在私家车里，你什么都看不到，什么也不会懂得。"时至今日，李嘉诚依旧表示："以往99%是教孩子做人的道理，现在有时会与他们谈论生意，但也只有约三分之一是谈生意，三分之二教他们做人的道理。"

　　李嘉诚觉得，一个人的成功不在于获得了多少财富，也不在于做了多大的官，而在于品德的修养。品德是心灵之根本，品德构成人的良知，使人明白事理。正直、诚实、勇敢、公正、慷慨等品德，在我们面临重要抉择时，便成为我们成功与否的重要决定因素。

　　业务发展愈是庞大，就更要懂得用人之道，独具慧眼，李嘉诚那份"慧"是出于一份"心"。长江实业的一位司机说："我们真是很喜欢我们老板，他对我们非常好。他知道公司的公积金投资在外面，遇金融风暴，损失很多，老板填了那笔数，不让员工的公积金受损。"

　　有位欧洲的批发商到李嘉诚的长江公司看塑胶花样品，他对长江公司的塑胶花赞不绝口："比意大利产的还好。我在香港跑了几家，就你们的款式齐全，质优，美观！"对方要订货，但要求必须有实力雄厚的厂家做担保。这对白手起家、没有任何背景的李嘉诚来说，无疑是一个严峻的挑战。

然而，李嘉诚竭尽努力，也没有找到一个担保人。但只要有一线希望，就要全力争取，这是李嘉诚的性格。

第二天，李嘉诚去批发商下榻的酒店。李嘉诚拿出 9 款样品，默默放在批发商面前。批发商的目光落在李嘉诚熬得通红的双眼上，猜想这个年轻人大概通宵未眠。他太满意这些样品了，同时更欣赏这个年轻人的办事作风及效率，不到一天时间，就拿出 9 款别具一格的极佳样品。

李嘉诚对外商如实相告自己没有找到担保人。外商被李嘉诚的诚实打动了："说实话，我本来不想做这笔生意了，但是你的坦白让我很欣赏。可以看出，你是一位诚实君子。诚信乃做人之道，也是经营之本。所以，我相信你，愿意和你签合约，不必用担保人。"

没想到李嘉诚却拒绝了对方的好意，他对外商说："先生，能受到您如此信任，我不胜荣幸！可是，因为资金有限得很，一时无法完成您这么多的订货。所以，我还是很遗憾地不能与您签约。"

李嘉诚这番实话实说使外商内心大受震动。于是，外商决定即使冒再大的风险，也要与这位诚实做人、品德过人的年轻人合作一次，李嘉诚值得他破一回例。他对李嘉诚说："您是一位令人尊敬的可信赖之人。为此，我预付货款，以便为你扩大生产提供资金。"

李嘉诚说："一个有使命感的企业家，在捍卫公司利益的同时，更应重视以正直的途径谋取良好的成就，正直赚钱是最好。"在他看来，做人跟做生意一样，必须有自己坚守的原则。做人最要紧的，是让人由衷地喜欢你，敬佩你本人，而不是你的财力。

财富以真诚和信用为根基

李嘉诚曾自嘲地说他自己不是做生意的料，因为他感觉自己并不会骗人，也不符合中国人所说的无商不奸的标准，但他做成了全亚洲独一无二的大生意。其原因正如李嘉诚所说，除了勤勉、具有毅力之外，自己非常重视信誉，宁可少赚，行事一定要顾及信誉。

李嘉诚的母亲曾给李嘉诚讲述了一个佛家的典故。在古时候，潮州府城外的桑浦山有一座古寺。当家住持云寂和尚已是垂暮之年，他知道自己在世的日子不多了，就把他的两个弟子一寂、二寂召到方丈室，拿出两袋谷种给他们，要他们去播种插秧，到谷熟的季节再来见他，收谷子多者可以继承他的衣钵，做庙里住持。一眨眼收割的时候到了，只见一寂挑了一担沉沉的谷子来见师父，而二寂却两手空空。云寂问二寂，二寂惭愧地说，他没有管好田，谷种没发芽。云寂听罢，二话没说便把袈裟和瓦钵交给二寂，指定他为未来的住持。一寂不服，问其缘由。师父意味深长地说，我给你们俩的谷种都是煮过的。李嘉诚从母亲讲述的佛家典故中悟出了玄机——诚实是做人处世之本，信用是立世之纲，诚信是战胜一切的不二法门。

20世纪50年代，李嘉诚甫做塑胶花时，常去皇后大道中一间公爵行接洽生意。"我经常看见一个四五十岁很斯文的外省妇人，虽是乞丐，但她从不伸手要钱。我每次都会拿钱给她。有一次，天很冷，我看见人们都快步走过，并不理会她，我便和她交谈，问她会不会卖报纸。她说她有同乡干这行。于是，我便让她带同乡一起来见我，想帮她做这份小生意。时间约在后天的同一地点。客户偏偏在前一天提出要到我的工厂参观，客户至上，我也没办法。于是在交谈时，我突然说了声'Excuse me'，便匆匆跑开。客人以为我上洗手间，其实我跑出工厂，飞车跑到约定地点。途中，超速和危险驾驶的事都做了，但好在没有失约。见到那妇人和卖报纸的同乡，问了一些问题后，就把钱交给她。她问我姓名，我没有说，只要她答应我要勤奋工作，不要再让我看见她在香港任何一处伸手向人要钱。事毕，我又飞车回到工厂，客户正着急：'为什么在洗手间找不到你？'我笑一笑，这件事就这么过去了。"此事虽小，但细微之处足见李嘉诚的守信。李嘉诚"解释"说："信誉，诚实，是我的第二生命，有时候比自己的第一生命还重要。"

李嘉诚从踏进商海的那一天起，对信誉的追求就非常坚执，他认为，人的一生之中，最重要的是守信。"我现在就算再有多十倍的资金也是不足以应付那么多的生意，而且很多是别人主动找我的，这些都是为人守信的结果。"

一个企业的开始意味着一个良好信誉的开始，有了信誉，自然就会有财路，这是必须具备的商业道德。就像做人一样，忠诚、有义气，对于自己说出的每一句话、做出的每一个承诺，一定要牢牢记在心里，并且一定要能够做到。

信誉是做人和做企业的基本原则，也是成就事业的基础。李嘉诚说过："一个公司建立了良好的信誉，成功和利润便会自然而来。我们做了这么多年生意，可以说其中有70%的机会是人家先找我的。"

一个人，尤其是名人，最宝贵的是有一个好名声，俗话说"雁过留声，人过留名"，说的就是这个意思。对于一个成功的商人来说，名誉比赚钱更为重要，良好的声誉会带来更多的财富。

在香港，有一处"虎豹别墅"景点。建于 1935 年的虎豹别墅，原是南洋已故富商胡文虎斥资 1600 万港元建成的私人大宅，取名"虎豹"是代表他与其弟胡文豹。大宅庭园是典型的中式设计，最为人熟悉的是大宅内的虎塔与十八层地狱壁画。当年胡氏家族决定与民同乐，开放花园给公众参观，是少数对外开放的私人大宅庭园。

不过，自从胡文虎逝世后，其女儿胡仙与家人将大宅与花园陆续"斩件"变卖，并于 2000 年将余下的整个地段以 1 亿元低价卖给"长实"。

李嘉诚购得地皮后，在上面兴建了一座大厦。游客们多有非议，纷纷指责大厦与整个别墅风格不统一，破坏了整个布局的统一和美观，影响了原有的人文景观。李嘉诚得知此情后，立即下令停止在那块地皮上继续大兴土木，尽量保留别墅花园原貌。李嘉诚深知，如果不顾公众舆论，一意孤行，就会损害自己好不容易树立起来的形象，降低自己的信誉。失去公众，就等于失去顾客；失去顾客，就等于自绝财路。

汇丰银行的大班沈弼通过这一件事而信赖李嘉诚的为人和经商的气魄。可以说李嘉诚的成功靠的是一贯奉行的"诚实"，以及多年努力建立起来的良好"信誉"。自然，他苦心塑造的企业形象也是重要因素之一。凡此种种，构成了他与汇丰银行合作的基础，也是沈弼格外"钟情"于他的奥秘所在。

后来，李嘉诚通过汇丰银行的帮助入主和记黄埔。至于原因，汇丰大班沈弼这样说道："长江实业近年来成绩良佳，声誉又好，而和记黄埔的业务脱离 1975 年的困境踏上轨道后，现在已有一定的成就。汇丰在此时出售和记黄埔股份是顺理成章的。"

1986年，李嘉诚决定在伦敦以私人出售方式，把香港电灯股份的10%脱手。当时，他的和记黄埔的董事经理马世民知道香港电灯公司不久就要宣布获得丰厚的营业利润，建议李嘉诚等消息宣布之后再出售，获益会更大，但李嘉诚不为所动，仍按原计划进行。

马世民认为："李嘉诚先生让投资者得到利润，以建立公司的名誉，使日后的销售更加容易。"他对下属说："李先生想多赚点钱，在今日的环境中并不是件困难事，要维持好名誉，那才是主要的。"

李嘉诚在商业上的辉煌业绩以及在公益事业上的慷慨之举，为他赢得无数的荣誉，也为他和他的企业赢得了良好的公众形象和企业品牌效应，还为他和他的股东带来了无法估计的无形资产。李嘉诚一生慷慨捐献无数，这些善行义举无疑体现了李嘉诚的人格和品德，从某种意义上说，这个无形资产要比有形资产更昂贵、更具价值，因为，谁不想与一个品德高尚的人结成商业伙伴，谁不愿意与这样的人做生意呢？

正是因为李嘉诚多年来所经营的信誉，以至一些与李嘉诚合作的香港乃至国际上的大财团首脑都表示："我们都很信赖李嘉诚，李嘉诚往哪里投资，我们就往哪里投资。"

李嘉诚带领"长江"、"和黄"两公司，积累了巨额的财富。但更重要的是，他还拥有一笔"在资产负债表中见不到但价值无限的资产"，那就是个人及其企业良好的信誉。

利益均沾才能长久合作

李嘉诚在经商的过程中，特别注重自己为人处世的方法和能力，宽厚待人，坦荡诚信，靠自己的人品给商业注入利润，并把利润回报给社会。他平易近人，对朋友，乃至对下属都关照入微。很多商人往往是在商言商，总是把利益看得很重，把利益放在第一位，而把做人处世放于其次，往往越想做大，越是徒劳无功。

在香港这个功利性很强的商业社会，李嘉诚能做到予人以善，很大程度上拜他所受的传统文化的熏陶以及父母对他的谆谆教诲所赐。这种思想，已融入了他的血液。

1991年秋，李嘉诚收到一位姓丁的英国华侨的来信，在信中，姓丁的华侨向李嘉诚陈述了自己所处的困境，表达了万念俱灰的心境。按说，李嘉诚平时有很多重大的事情需要应酬和处理，根本无暇顾及这样的来信。但李嘉诚却亲自复信，并给予一定的物质上的资助。

以下是这封信的内容，足见李嘉诚帮助朋友的诚恳之心。

丁先生：

人生起伏无常，尤其从事商业。穷人易做，穷生意难做。所以你们现在面临的困境，只是数千年来亿万生意人曾经面对的苦痛的一部分。但如果明白大富在天，小富在人，如果肯勤俭地面对现实，尽心经营，则像俗话所说："山重水复疑无路，柳暗花明又一村。"说不定不久你们又有一个好的新的局面。即使一切都不如意，退一步想，则海阔天空。

以今日英国的工资水平，最大不了，最多找一份职业，生活应绝对无问题。留得青山在，不怕没柴烧！送上 500 英镑，请你俩一顿晚餐。想想明天会更好！想想世界上有多少更苦的人！

李嘉诚说："我觉得，顾及对方的利益是最重要的，不能把目光仅仅局限在自己的利上，两者是相辅相成的，自己舍得让利，让对方得利，最终还是会给自己带来较大的利益。占小便宜的不会有朋友，这是我小的时候我母亲就告诉给我的道理，经商也是这样。"

"要照顾对方的利益，这样人家才愿与你合作，并希望下一次合作。"追随李嘉诚多年的洪小莲，谈到李嘉诚的合作风格时说，"凡与李先生合作过的人，哪个不是赚得盆满钵满！"

在李嘉诚的一生中，他始终坚持"利益共沾"原则，这使得他做事总能赢得众人的支持，给自己事业的发展增添源源不断的动力。

李嘉诚认为，人要去求生意就比较难，生意跑来找你，你就容易做。那如何才能让生意来找你？那就要靠朋友。如何结交朋友？那就要善待他人，充分考虑到对方的利益。

就说李嘉诚帮助包玉刚购得九龙仓一役。李嘉诚暗中收购九龙仓，逼得九龙仓向汇丰银行求救，于是汇丰大班沈弼亲自出马周旋，奉劝李嘉诚放弃收购九龙仓。李嘉诚考虑到不但日后"长实"的发展还期望获得汇丰的支持，而且即使不从长计议，如果驳了汇丰的面子，汇丰必贷款支持"怡和"，收购九龙仓将会是一枕黄粱，于是趁机卖了一个人情给汇丰银行大班，答应沈弼，鸣金收兵，不再收购。

当时，李嘉诚知道正欲"弃船登陆"的船王包玉刚也在收购九龙仓股票，并且志在必得。李嘉诚权衡得失，决定将手中拥有的九龙仓1000万股股票转让给包玉刚。

在成为香港商战经典的九龙仓大战中，表面上看包玉刚在此役本身并没有讨到太大便宜。但是，吞并九龙仓的深远意义在两年后显示了出来。因为他通过收购九龙仓，成功地实现了减船登陆的战略转移，从而避免了两年后的空前船灾。从这一点说，取得九龙仓，简直就是挽救了一代船王包氏家族。

李嘉诚在这场九龙仓大战中，一石三鸟，可谓最大的赢家。其一，李嘉诚低进高出九龙仓股票，净赚数千万港元；其二，与包玉刚建立了深厚的友谊和良好的合作关系；并借助包玉刚之手得到9000万股和记黄埔股票，为下一步顺利吞并英资"和黄"奠定了坚实的基础；其三，李嘉诚卖给汇丰一个人情，巩固了与汇丰的关系，而汇丰则因为欠李嘉诚这笔情，在后来李嘉诚收购和黄时，帮助李嘉诚获得了比九龙仓更大的利益。

在地产高潮，位于黄金地段的物业，寸楼寸金。加之华人行在华人中的巨大声誉，华资地产商莫不想参与合作，分一杯羹。李嘉诚便是其中之一，因其在九龙仓大战中卖给汇丰的人情，使得他在这次华人行的战役中获得了汇丰的支持，顺利获得了华人行这个地块。

后来，汇丰还力助长实收购英资洋行和黄，并于1985年邀请李嘉诚担任汇丰的非执行董事。

曾有记者问李嘉诚与地铁公司、汇丰银行合作成功的奥秘，李嘉诚道："奥秘实在谈不上，我想重要的是首先得顾及对方的利益，不可为自己斤斤计较。对方无利，自己也就无利。要舍得让利使对方得利，这样，最终会为自己带来较大的利益。我母亲从小就教育我不要占小便宜，否则就没有朋友，我想经商的道理也该是这样。"

李嘉诚表示，要让合作伙伴拥有足够的回报空间。合作伙伴是谁？合作伙伴对自己有什么用？想清楚了这个问题，就比较容易理解这一句话了。在任何一个行业中，如果能有两家公司保持比较好的合作伙伴关系，这两家公司都可以达到双赢的局面。

1978 年，长实与会德丰洋行共同出资购得天水围的土地。第二年下半年，华润集团等购得其大部分股权，组建了巍城公司，决定开发天水围。但由于华润开发不力，港府收回了天水围的大部分土地。只留下 40 公顷作价 8 亿港元批给巍城公司，并限定巍城公司在12 年内在这块 40 公顷的土地上完成价值 14.58 亿港元以上的建筑。如果巍城公司达不到要求的话，那么，这些土地及 8 亿港元就要充公。

长实采取了一项看似非常冒险的决定。长实与华润签订了协议，此时，距政府规定的 12 年期限只剩下一半时间了。按该协议规定，完成这一浩大工程，风险完全由长实承担，而华润不用劳神费力，即可坐收渔利。当然，风险大，收益也大。果然，工程投入兴建后，进展神速，天水围大型屋村很快便矗立在了人们面前。

李嘉诚把合作关系看得很透。他这样帮华润，并不是仅仅针对中资公司，而是他的一贯作风。他说："做事要留有余地，不把事情做绝。有钱大家赚，利润大家分享，这样才有人愿意合作，假如拿10% 的股份是公正的，拿 11% 也可以，但是如果只拿 9% 的股份，就会财源滚滚来。"

这也是李嘉诚从商一辈子的处事准则。按照李嘉诚所说的只拿9%，得益的不光是自己的合作方。人们将从你的行为中，了解你的人格和信誉，从而使自己赢得大量的商业机会，财源就会随之滚滚而来。因此，从表面上看，你的确是少拿了1%，但是从长远来讲，得到的回报岂止是少拿的1%呢？有时会是它的十倍、百倍。正是这个观点让李嘉诚结交了无数商界朋友，赢得了广大股东和职员的信赖和支持，树立了崇高的形象，为他赢来了无数的财富。

在生意场上，少不了与人合作，因为任何一个人都可能有各种缺点，都不可能完美，需要吸取别人的长处来弥补自己。企业也是如此，需要合作来优势互补，在你帮助别人的同时，自己也获益匪浅，这就是所谓的"双赢"。李嘉诚对此驾轻就熟，因此也能在"帮"与"被帮"之中获得巨额利润。

李嘉诚做人的宗旨是"刻苦做事，善待别人"。不论有没有利益关系，他都会善待他人。在香港，李嘉诚并不喜欢和媒体保持亲密的关系。香港媒体能见到关于李嘉诚的新闻报道，大多来自记者招待会，或是"外围"采访。他并不是歧视记者，而是没有这么多的时间一一应对。但在公共场合，李嘉诚会友好地回答记者的提问。李嘉诚曾这样说："我做人的宗旨是刻苦做事，善待别人，还有勤奋和重承诺，也不会伤害他人。有一次，一个我很讨厌的报社记者在我公司楼下等我，我刚刚上车，同事说他已经等了两小时。他正要离去，我立即叫司机倒车，跟记者说可以谈一下，因为我不忍心他站了两个小时，回去没有东西交代。"

加拿大著名记者约翰·得蒙特也曾经采访过李嘉诚，他对当年的采访过程记忆犹新。他回忆说："李嘉诚这个人不简单。如果有摄影师想为他造型摄像，他是乐于听任摆布的。他会把手放在大地球仪模型上，侧身向前摆个姿势……他不摆架子，容易相处而又无拘无束，可以从启德机场载一个陌生人到市区，没有顾虑到个人的安全问题。他甚至亲自为客人打开汽车后备厢。后来大家上了车，他对汽车的冷气、客人的住宿，都关心周到，他坚持要打电话到希尔顿酒店问清楚房间预订好了没有，当然，这间世界一流酒店也是他名下的产业。"

李嘉诚说："这么多年来，任何一个国家的人，任何一个省份的中国人，跟我做伙伴的，合作之后都成为我的好朋友，从来没有因为一件事闹过不开心，这一点我是引以为荣的。

"因为我公道公正，以前很多跟我合作过的人，没有一个不高兴的。很多年来，很多机遇都是跟我合作的人送来给我的。"

从表面上看，"共赢"是跟人家共同分享资源和利益，但实际上，"共赢"可以让自己未来的道路更宽阔。如果合作的双方达到了"共赢"，就会为将来的再一次合作打下基础。每个企业都不可能拥有全部的资源优势，只有着眼于长线经营，与同行真诚合作，强强联手，取长补短，互惠互利，携手并进，才能源源不断的受益。

有一次，李嘉诚应邀作演讲，听众请教他有关经商的秘诀。李嘉诚说他经商其实并没有掌握什么秘诀，如果非说有什么秘诀的话，那就是："我与人合作，如果赚 10% 是正常的，赚 11% 也是应该的，那我只取 9%，所以我的合作伙伴就越来越多，遍布全世界。"

由此可见，只有共赢才是赢，只有互惠互利的关系才会长久，只有在"情感"和"利益"上实现自我超越，能够将更多的利益与人分享，才有可能成就更伟大的事业。

信任就是成功的机会

只有用诚意去打动别人才能获得别人的信任，尤其是在金钱充斥的生意场中，总玩"花花肠子"是行不通的。几十年来，李嘉诚一直秉持着以诚为本的原则去做人做生意。

李嘉诚认为，要使别人信服，就必须付出双倍使别人信服的努力。"注重自己的名声，努力工作、与人为善、遵守诺言，这样对自己的事业非常有帮助。我生平最高兴的，就是答应帮人家去做的事，自己不仅完成了，而且比他们要求的做得更好，当完成这些承诺时，那种兴奋的感觉是难以形容的。因此，要有信用，令人家对你有信心。我做了这么多年生意，可以说其中有 70% 的机会，是人家先找我的。""与新老朋友相交时，要诚实可靠，避免说大话。说到做到，不放空炮，做不到的宁可不说。"

李嘉诚认为，要想取得别人的信任，你就必须做出承诺，而且在做出每一个承诺之前，都必须经过慎重的考虑和审查。一经承诺，便要贯彻到底，即使是中间有困难，也要坚守诺言。要用真心真意来取得对方的信任。有时可能有人会把一世的积蓄投资在你的公司，所以要有责任心，必须小心谨慎。

李嘉诚绝不同意为了成功而不择手段，即使侥幸略有所得，亦必不能长久。俗语说："刻薄成家，理无久享"就是这个道理。

成大事者都知道，信誉是成事的基础，到什么时候信誉也不可丢失。尤其是讲信誉不要做表面文章，要实实在在地拿出实际行动来，如果光说不练，只顾耍嘴皮子功夫，一次两次还可以，时间久了人们就会戳穿你的假象。因此，信誉要实实在在，不要夸夸其谈。

李嘉诚表示："一个企业的开始意味着一个良好信誉的开始，有了信誉，自然就会有财路，这是商人必须具备的商业道德。"

从古至今的商人大致分为两种：一种是奸佞者，这种人以欺诈之道为人处世，总是想尽歪点子坑人、蒙人，这种人为人所不齿，始终只能做一个小商贩；另一种是诚信者，这种人以诚待人，赢得人心，从而成为大商人。李嘉诚正是这种诚信者，他重视诚信的力量，在做生意的过程中，始终把信誉放在第一位，因此，他在商海中取得了巨大的成功。

诚信是做人的基本原则，也是成就事业的基础。历史上，成大事者都是"以信义而著于四海"。诚信也是一种无形的资产，但是一个人要真正地做到诚信，却比较困难，需要漫长的时间。

不论在生活上还是工作上，一个商人的信用越好，就越能够成功地打开局面，把生意做好。做人和做生意都必须做到言而有信。机会总是照顾那些说话算数的人，食言是最不好的习惯。如果这样，身为商人无法取信于人，就不可能在经商路上有所突破。

所谓"守信用原则"，就是说到一定要做到。这听起来既简单又合理，但是绝大部分商人就是做不到。假如一个商人兑现了他曾经许过的所有诺言，那么他一定会成为一位鹤立鸡群的顶级商人。追求一诺千金，赞赏言信行果、落地有声，正是李嘉诚经商与做人的真实写照。

李嘉诚常说："做事要守信，做人一定要有'义'。今日而言，也许很多人未必相信，但我觉得'义'字，实在是终身用得着的。"他不仅是这么说的，更是这么做的。

重义轻利、恪守信诺对于一个人来说不仅是一种美德，也是一种对自己和对他人的尊重，如果能拥有一个具有这种美德的朋友将是一种莫大的幸运。

李嘉诚为人处世非常重视诚信的品牌。他明白，一个不讲信誉、不诚实的人，围绕他的必然也是这样的人，最终必然吃亏；相反，以诚信待人，生意场上让人信服、钦佩的人，财源自然滚滚来。诚实做人，本分做事，是成就大事业的基础。诚信，能给你带来一生的财富。李嘉诚离开塑胶公司自己创业时，他信守诺言，重义轻利，没有从原公司带走一个客户。

当年李嘉诚曾在一家塑胶公司工作。后来，李嘉诚在发现商机后，决定自己创业。临走之前，老板约李嘉诚到酒楼，设宴为他饯行。李嘉诚向老板和盘托出自己的计划。李嘉诚打算自己办一间塑胶厂，难免会使用在老板手下学到的技术，也大概会开发一些同样的产品。因为现在塑胶厂遍地开花，自己不这样做，别人也会这样做。不过，李嘉诚向老板保证，自己绝不会把一个客户带走，绝不用老板的销售网推销自己的产品。他会另外开辟销售线路。

虽然是在商言商，李嘉诚依然是重义轻利，一诺九鼎。后来，李嘉诚创办了自己的塑胶厂。果然，有不少李嘉诚原来在塑胶公司发展的客户转来与李嘉诚合作。但李嘉诚无一例外地谢绝了，并且一再强调他原先打工那家塑胶公司的实力和对自己的深情厚谊，希望这些客户继续与塑胶公司保持往来关系。李嘉诚的真诚使这些客户感动，找到李嘉诚的大部分客户又继续与原来那家塑胶公司做生意。

更值得一提的是，20多年后，因为1973年世界石油危机的冲击，香港的塑胶原料全部依赖进口，价格由年初的每磅 6 角 5 分港币到秋后竟暴涨到每磅 4 ~ 5 元港币。塑胶制造业一片恐慌，如临末日。不少厂家因未储备原料，被迫停产，濒临倒闭。

香港的塑胶原料，全部为入口商垄断。其实，价格暴涨的根本原因，还不是因为石油危机。国外塑胶原料的出口离岸价只是略有上涨。主要是香港的入口商利用业界因石油危机产生的恐慌心理，垄断价格，一致提价。又由于炒家的介入，把价格炒到厂家难以接受的高位。

在这场关系到香港塑胶业生死存亡的危机中，身为潮联塑胶业商会主席的李嘉诚，挺身而出，挂帅救业。此时，李嘉诚的经营重点已转移到地产，收益颇丰，塑胶原料危机，对长江整个事业，影响并不大。李嘉诚这样做，主要是出于公心和义务。

在李嘉诚的倡导和牵头下，数百家塑胶厂家，入股组建了联合塑胶原料公司，其中还有非潮汕籍塑胶商。原先单个塑胶厂家无法直接由国外入口塑胶原料，是因为购货量太小，对方不予理睬。现在由联合塑胶原料公司出面，很快达成交易，所购进的原料，按实价分配给股东厂家。在这种形势下，其他原料入口商不得不降价。笼罩全港塑胶业两年之久的原料危机，从此烟消云散。

李嘉诚在救业大行动中，还有惊人之举。李嘉诚从长江公司的库存原料中，匀出 12.43 万磅，以低于市价一半的价格救援停工待料的会员厂家。直接购入国外出口商的原料后，他又把长江本身的配额——20 万磅硬胶原胶，以原价转让给需求量大的厂家。

在危难之中，受李嘉诚帮助的厂家达几百家之多。其中也包括李嘉诚曾经打工的那家塑胶厂。已经年过花甲的塑胶厂老板含着热泪，激动地说："我没有看走眼阿诚的为人。"

在亚洲金融风暴波及香港的时候，长江实业公司员工的公积金因外放投资受到不少损失。按理，遭遇这样的天灾，大家只好自认倒霉，可李嘉诚却动用个人资金将员工的损失如数补上。宁可自己受损，绝不让员工吃半点亏的真情义举，这样的企业老板理当深得人心。

延伸
阅读

李嘉诚请客

几年前的一天，李嘉诚在香港宴请一批来自内地的著名企业家。

大家以为，作为华人首富的李嘉诚一定是等到大家都坐齐了再入场，然后简单、礼节性地跟大家打个招呼，讲几句话便会匆匆离开。因为大人物一般都是这样的，他们时间宝贵，绝不会提前来或者最后走，更何况此时的李嘉诚已经是一位年近 80 岁的老人了。

然而，事实却是这样：当一行人从电梯里出来时，一眼便看见了李嘉诚——他正站在电梯前等待来宾们，在一番简单的自我介绍后，他亲自向每个人递上名片。

接下来的事情则更是出乎大家的意料，接到名片的人，被引领到一个箱子旁抽号，这是接下来李嘉诚和大家拍合影时的座位号，谁能坐在李嘉诚的身边全凭运气，跟这个人的社会地位、知名度和财富没有丝毫关系。拍完合影后，一行人又被要求再抽一次号，这是吃饭时的座位顺序。

宴会开始前，大家热情地邀请李嘉诚讲几句。李嘉诚谦虚地说，那我就简单说两句吧，全当与各位分享。但在讲话过程中，他分别用了普通话、粤语和英语，原来在场的还有少数几位外国人。

宴会正式开始时，李嘉诚并没有从头到尾都坐在某个固定的位置上，而是分别在每桌上坐15分钟，不偏袒和独爱哪一桌，更不会只与某一个人或几个人交流。

而且，李嘉诚并没有提前离席，而是一直等到宴会结束后，把大家送到电梯口，并跟每个人握手道别，包括酒店里上菜和上茶水的服务员，也一个不漏掉，并且感谢他们热情周到的服务。

降低自己，尊重他人，用谦卑的态度，让别人因为他而感到舒服和愉快，这便是李嘉诚做人的低调智慧。

（本文摘编自《李嘉诚请客》，作者：周牧辰，来源：生命时报）

第二章

驾驭能力范围内可控之事
——李嘉诚谈心态

财富的根基

李嘉诚给年轻人的 10 堂人生智慧课

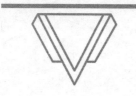

保持镇定方能化险为夷

李嘉诚说：做生意一定要同打球一样，若第一杆打得不好的话，在打第二杆时，心更要保持镇定及有计划，这就表示这个洞并不是会输。就等同做生意一样，有高有低，身处逆境时，你先要镇定考虑如何应付……人生自有其沉浮，每个人都应该学会忍受生活中属于自己的一份悲伤，只有这样，你才能体会到什么叫作成功，什么叫作真正的幸福。

1996 年，李嘉诚的长子李泽钜被世纪大盗张子强绑架，对方单枪匹马到李家中，开口就要 20 亿港元，李嘉诚当场同意，但表示"现金只有 10 亿港元，如果你要，我可以到银行给你提取"。

李嘉诚的镇静，连张子强都很意外，张问他："你为何这么冷静？"

李嘉诚回答道：因为这次是我错了，我们在香港知名度这么高，但是一点防备都没有，比如我去打球，早上 5 点多自己开车去新界，在路上，几部车就可以把我围下来，而我竟然一点防备都没有，我要仔细检讨一下。

李嘉诚在后来接受媒体采访时表示，当时他劝告张子强：你拿了这么多钱，下辈子也够花了，趁现在远走高飞，洗心革面，做个好人；

如果再做错的时候，就没有人可以再帮到你了。

有趣的是，据李嘉诚透露，后来张子强又打来电话。李嘉诚说："你搞什么鬼，怎么还有电话？"张子强在电话中说："李生，我自己好赌，钱输光了，你教教我，还有什么是可以保险投资的？"

李嘉诚答道："我只能教你做好人，但你要我做什么，我不会了。你只有一条大路，远走高飞，不然，你的下场将是很可悲的。"

但张子强不听，之后他终于在中国内地落网，并被伏法处决。

2013 年 11 月 22 日，李嘉诚回忆当时的情形时，语气平静，就像是在讲述一段别人的历史。其中的惊险和锥心之痛，似乎全都烟消云散。

李嘉诚将这种冷静归于他喜欢看书。"我喜欢看书，什么书都看，这对我都有用，今天有用，明天也有用。所以，很多大事来的时候，我也能解决。"

古人云：泰山崩于前而色不变。能够保持如此镇定的人必怀有一颗平常之心。"宠辱不惊，闲看庭前花开花落；去留无意，漫随天外云卷云舒。"古往今来，有多少人面对人生的大起大落，而保持着一颗无价的平常之心。淡泊名利的陶渊明在罢官之后，却"采菊东篱下，悠然见南山"；高唱"大江东去"的苏东坡，面对人生和自然的风风雨雨，只轻轻一挥手，便"归去，也无风雨也无晴"……这些风流人物不单凭借他们骄人的才华引人瞩目，而他们坦然面对人生种种境遇的心态更令世人佩服。平常心不是知足常乐，不是随遇而安，而是乐观自信、坦然宽容、谦虚清醒、平和释然。保持一颗平常心，会给我们以勇气和力量，帮助我们在人生征途上一路走好。

驾驭可控制之事

有成就需要的人会把成就归因于自己的努力，把失败归因于努力不够。不甘于失败，坚信再努力一下，便会取得成功。相信自己有能力应付，只要尽力而为，没有办不成的事。相反，成就需要不高的人认为努力与成就没有多大关系。他们把失败归因于其他因素，特别是归因于能力不足。成功则被看成是外界因素的结果，如任务难度不大、正好碰上运气等等。

努力程度是自己可以控制的。如果把成功和失败都归因于自己的努力程度，就会增强今后努力行为的坚持性。反之，如果把成功与失败归因于能力太低、任务太重这些原因，就会降低自身努力行为的坚持性。运气或机遇是不稳定的外部因素。过分地归因于这一因素会使人产生"守株待兔"的惯性行为，也是具有高成就需要的人所不屑为的。总之，只有将失败的原因归因于内外部的不稳定因素时，即努力的程度不够和运气不好时，才能使行为人进一步坚持原行为。

上面所说的就是美国心理学家伯纳德·韦纳 (B.Weiner 1974) 的归因理论。李嘉诚在这个理论提出之前，就已用自己的行动，做出了很好的实践。他用努力来驾驭一些能力范围内可控的事情。把成败归因于努力这种自己可以控制的因素，就会增强今后努力行为的坚持性。

李嘉诚在一次演讲中讲述了自己是如何发现"驾驭一些我能力

内可控制的事情是扭转逆境十分重要的关键"，以及自己是如何去实践这个理论的。他回忆道："我成长的年代，香港社会艰苦，是残酷而悲凉的。那时候没有什么社会安全网，饥饿与疾病的恐惧强烈迫人。求学的机会不是每一个人的权利，贫穷常常像一种无期徒刑。今天社会前行，新的富足为大部分人带来相对的缓冲保障，贫穷不一定是缺乏金钱，而是对希望及机遇憧憬破灭的挫败感。很多人害怕可上升的空间越来越窄，一辈子也无法冲破匮乏与弱势的局限。我理解这些恐惧，因我曾经一一身受。没有人愿意贫穷，但出路在哪里？

"70年前这问题每一个晚上都在我心头，当年14岁时已需要照顾一家人，没有接受教育的机会，没有可以依靠的人脉网络，我很怀疑只凭刻苦耐劳和一股毅力，是否足以让我渡过难关？我们一家人的命运是否早已注定？纵使我能糊口存活，但我有否出人头地的一天？

"我迅速发现没有什么必然的成功方程式，首要专注的是，把能掌控的因素区分出来。若果成功是我的目标，驾驭一些我能力内可控制的事情是扭转逆境十分重要的关键。我要认清楚什么是贫穷的枷锁——我一定要有摆脱疾病、愚昧、依赖和惰性的方法。

"比方说，当我发觉染上肺结核病，在全无医疗照顾之下，我便下定决心，对饮食只求营养不求喜恶、适当地运动及注重整洁卫生，捍卫健康和活力。此外，我要拒绝愚昧，要持恒地终身追求知识，经常保持好奇心和紧贴时势增长智慧，避免不学无术。在过去70多年，虽然我每天工作12小时，下班后我必定学习，告诉你们一个秘密，在过去一年，我费很大的力气，努力理解进化论演算法里错综复杂的道理，因为我希望了解人工智慧的发展，以及它对未来的意义。

"无论在言谈、许诺及设定目标各方面，我都慎思和严守纪律，一定不能给人懒惰脆弱和依赖的印象。这个思维模式不但是对成就的投资，更可建立诚信；你的魅力，表现在你的自律、克己和谦逊中。"

当这些元素连接在一起时，他们不仅可以应付控制范围以内的事情，而且它渐渐凝聚与塑造一个成功基础，帮助你应付控制范畴以外的环境。当机遇一现，你已整装待发，有本领和勇气踏上前路。纵使没有人能告诉你前路是怎么样的一道风景，生命长河将流往何方，然而，在这过程中，你会领悟到丘吉尔的名言："只要克服困难就是赢得机会。一点点的态度，但却能造成大大的改变。"

在公司管理上，李嘉诚同样是将驾驭可控之事放在重要地位。

在熟悉之人看来，让李嘉诚安寝无忧的，除了名利之心淡泊，还有一个更为基础的原因：他的各项业务都拥有着良好的现金流。

李嘉诚对现金流高度在意，负有盛名。他经常说的一句话："一家公司即使有盈利，也可以破产，一家公司的现金流是正数的话，便不容易倒闭。"而在确保现金流同时，他还努力将负债率控制到一个低位："自1956年开始，我自己及私人公司从没有负债，就算有都是'假贷'的，例如因税务关系安排借贷，但我们有一笔可以立即变为现金的相约资产存放在银行里，所以遇到任何风波也不怕。"

隐藏在数字背后的，是这样一个逻辑：没有现金流的威胁，负债与否取决于自己，就让多数问题不是被动决定，李嘉诚便拥有了对生意尽可能大的自主权。在与李嘉诚合作极多的人士看来，"把握自主权"正是他的核心观念。

人最重要的是内心的安静

"人最重要的是内心的安静，表面看来很忙，但内心其实没有波动，因为自知做着什么工作。我知足，但不表示没有上进心。"李嘉诚如是说。

李嘉诚认为成功是急不得的。人在着急的时候，很难让头脑保持清醒的状态，所以，处于创业奋斗之中，要力求稳，忌浮躁。只有控制了浮躁的负能量，才能一步一个脚印向前迈进。李嘉诚曾告诫人们说："事情往往就是这样，你越着急，你就越不会成功。因为着急会使你失去清醒的头脑，结果在你的奋斗过程中，浮躁占据着你的思维，使你不能正确地制定方针、策略以稳步前进。"

所谓"性急吃不得热粥"，当目标确定，你就不能性急，而要一步一个脚印地来做。李嘉诚认为，控制了浮躁，才会吃得起成功路上的苦，才会有耐心与毅力一步一个脚印地向前迈进，才不会因为各种各样的诱惑而迷失方向，才会制定一个接一个的小目标，然后一个接一个地达到它，最后走向大目标。

在这方面，李嘉诚可谓稳健、不浮躁的典范。11岁那年，李嘉诚来到香港。到了14岁，由于父亲去世，他辍学打工。再后来，他舅父让他去自己的钟表公司上班，但是他没有答应，因为他要自己找工作。

他先是想到银行寻找机会，因为他觉得银行一定有钱，因为银行是同钱打交道的，它也不可能倒闭。但是去银行的梦想没有成功。

一位茶楼老板看他可怜，答应收留小嘉诚在茶馆里当烫茶的跑堂。

在当堂倌的时候，他就胸怀大志，从小事做起，一步步地向目标迈进。这些小事是这样的：他给自己安排课程，以自觉养成察言观色、见机行事的习惯。这些课程包括：时时处处揣测茶客的籍贯、年龄、职业、财富、性格，然后找机会验证；揣摩顾客的消费心理，既真诚待人又投其所好，让顾客高兴地付钱。他每天工作十几个小时，但从来不觉得烦躁，因为他总是想到母亲和弟妹，感到自己有责任为家庭分忧，就是再困难也得拼下去。

李嘉诚在茶楼里一待就是两年。后来，觉得在茶楼里没有前途，就进了舅父的钟表公司当学徒，他偷师学艺，很快学到了钟表的装配及修理的有关技术。

1946 年年初，17 岁的李嘉诚突然离开势头极佳的中南公司，去了一间小小的名不见经传的五金厂，做"行街仔"（推销员）。李嘉诚开始了"行街仔"（走街串巷）生涯，他说，他一生最好的经商锻炼，是做推销员。由于他离开舅父的公司出来找工，只是作为人生的磨炼，而不是作为终身的追求。李嘉诚终于跳出了五金厂，进入了一家塑胶裤带公司。经过努力，18 岁的李嘉诚被提拔为部门经理，统管产品销售。一年多，他又被晋升为总经理，全盘负责日常事务。由于看好塑胶行业的发展前途，李嘉诚决定自己创业。

在他以后的创业过程中，曾几次陷入困境，但这个时候，他仍然不浮躁，而是踏踏实实地一步一步往前走，最后终于成为世界"塑胶花大王"。

对于不浮躁、稳健的人来说，他们往往有这样的素质，就是做一件事情不坚持到最后一分钟是不甘心失败的。对于渴望创业成功的人，应该记住：你着急可以，切不可以浮躁。成功之路艰辛漫长而又曲折，只有稳步前进才能坚持到终点，赢得成功；如果一开始就浮躁，那么，你最多只能走到一半的路程，然后就会累倒在地。在这里，浮躁与稳健对于一个人成功的影响一目了然。只有不浮躁，才能吃得起成功路上的苦。

越成功，越要保持低调

一个人不管取得了多大的成功，不管名有多显，位有多高，钱有多丰，面对纷繁复杂的社会，也应该保持做人的低调。有道是："地低成海，人低成王。"低调做人不仅是一种境界，一种风范，更是一种思想，一种哲学。

顶级商人越是成功，就会越尽力保持低调，行事为人的动作不会太大，待人处事沉静得体，深藏锋芒而不露，不喜欢炫耀自己。他们做事脚踏实地，花哨的事情能免则免，除非花哨和高调具有战略性的用途，否则他们宁可低调行事。

李嘉诚就是个鱼和熊掌兼而得之的顶级商人。他多年荣膺香港首富乃至世界华人首富。他同时又是个道德至上者，他说的每句话，莫不符合道德规范，堪称道德圣典。

李嘉诚自言："我喜欢看书，现代的、古代的都看，经常看到深夜两三点钟，看完就去睡觉，不敢看钟，因为如果只剩下两三个钟头，心就会很怯。"他有感而发，"在看苏东坡的故事后，就知道什么叫无故受伤害。苏东坡没有野心，但总是被人陷害，他弟弟说得对：'我哥哥错在出名，错在高调。'这是一个很无奈的过失。"

许多人向李嘉诚请教如何才能做好生意。李嘉诚的回答是保持低调。李嘉诚最为人称道的是与合作伙伴的关系。与他合作过的生意伙伴，从包玉刚到李兆基、郑裕彤及荣智健，无一例外地成了他的朋友，这些皆源于他"谨慎低调做商人"的原则。

对竞争对手，即使己方处于绝对优势，李嘉诚依然保持一贯的低调。收购置地时，李嘉诚与李兆基、郑裕彤、荣智健组成财团，已处于绝对优势，但对方反对收购，李嘉诚遂决定放弃收购。这固然有收购成本过高的考虑，难能可贵的是，李嘉诚没有利用手中的股权逼迫对方高价赎回，而是以市价转让给对手。放弃了一个千载难逢的黄金机会，并且附带"7年之内不再收购"的条款，为以后双方的合作埋下了伏笔。

成名以后，李嘉诚的经商谋略、行为方式，成为人们评价和模仿的对象。但这种低调的哲学却不太能被人们接受。然而不管别人怎样，李嘉诚仍然保持了他一贯的低调作风。人们经常会看到李嘉诚穿着那套西服出席各种场所，甚至是规格极高的会晤或宴席，但谁也不会想到，那是已经穿了十几年的西服，且不是什么名牌产品。他说他对于牌子不怎么讲究，他手上戴的那块手表已用了十几年，而且也是一块极为普通的手表。他有几双皮鞋，但一半是坏了的，可他从不舍得扔掉，补好后再继续穿。有一年他到北京办事，发现皮鞋的饰带烂了，索性剪掉，成了一只有带另一只没带的样子。李嘉诚说："衣服和鞋子是什么牌子，我从不怎么讲究。一套西装穿十年八年是很平常的事。我的皮鞋10双，有5双是旧的。皮鞋坏了，扔掉太可惜，补好了照样可以穿。我手上戴的手表也是普通的，已经用了好多年。"

李嘉诚办理李泽钜的婚事时，在李泽钜去接新娘之际，李宅门口聚满采访的记者。李嘉诚破例邀请记者参观李宅花园。李宅高三层，李嘉诚本人住三楼，李泽钜与王富信则在二楼构筑爱巢。李嘉诚站在草坪上说："一层才 186 平方米，不算大呀！长江实业集团公司里很多人住的地方不比这里差。"

其实，李家娶媳本是大出风头之日，但李嘉诚却保持一如往昔处事小心的作风，若不是有十分强烈的自我约束意识是做不到这一点的。

"长江集团中心"位于香港中环皇后大道中 2 号。这座 70 层高的建筑外形方正，被媒体形容为造型酷似李嘉诚的性格——谨慎低调。

李嘉诚曾这样说道："坎坷经历是有的，心酸处亦无法言表，一直以来靠意志克服逆境，一般名利不会对内心形成冲击，自有一套人生哲学对待；但树大招风，是每日面对之困扰，亦够烦恼，但明白不能避免，唯有学处之泰然的方法。"

保持低调就是要以一种谦虚和合作的态度去与人打交道，这也是一种中庸之道。中庸之道是儒家思想的精髓，是聪明人立身处世的法宝，更是大商人为人处世的策略。持中庸之术，低调做人，在处世中可进可退，可方可圆，游刃有余。不过分显示自己，就不会招惹别人的敌意，别人也就无法捕捉你的虚实。如何才能做好生意，这是许多人向李嘉诚请教的一个问题。对于这种问题李嘉诚的回答是保持低调。

不仅李嘉诚自身做到了低调，他还教育自己的儿子也要保持低调的风格。李嘉诚曾这样教导儿子："做人要尽可能地保持低调，以免树大招风。如果你始终注意不过分显示自己，就不会招惹别人的敌意，别人也就无法捕捉你的虚实。"

生意场上，正是李嘉诚一向保持低调的风格，才使得与他合作过的人都成为他的好朋友，并且从来没有与之发生过不愉快。在一个浮躁的经商环境中，李嘉诚能够做到这一点，实属难能可贵。

保持低调，是最普通、最基本的做人道理，也是个人素质的良好体现。有品位的巨商富贾，往往生活俭朴，对自己的生活要求甚严，始终保持令人钦佩的品性。

若以财富而论，台湾的王永庆可谓是超级富豪，即使在世界企业家行列中，"王永庆"这三个字也是如雷贯耳。王永庆不仅是台湾最大的集团——台塑企业集团的董事长，也是台湾工业界的领袖，更是世界闻名的富豪。20世纪80年代末期，美国一家杂志曾编制的世界超级富豪排行榜中，王永庆名列世界第16位。

然而，就是这么一个拥有数十亿美元家产的超级富翁，个人生活却节俭到令人难以置信的程度。在家中，他所用的那条毛巾竟用了20多年，直到实在无法使用为止。家里用的肥皂，即使剩下一小片，也不会丢掉，而是将其黏附在大肥皂上，力求用尽其剩余价值。

王永庆的这种作风，在公司里也同样保持着。他一般在公司里吃午餐，从不搞特殊化，吃的是和一般部门主管一样的盒饭，边吃边听汇报、检查工作。他招待客人时，并不是到豪华大饭店里去大摆宴席，而是在各分公司设立的招待所里设便饭招待客人。

大企业里的高级管理人员一般都配有轿车，但台塑企业集团出于节约的考虑，不但处长级没有配备轿车，就连经理级也没有专车，一旦发现下属有铺张浪费的现象，王永庆的处罚是相当严厉的。

一次，有4名部门主管因公请了3位客人吃饭，一顿饭吃下来，7个人吃掉了2万元新台币。王永庆知道这件事后，不但把4位主管狠狠地教训了一顿，还对他们课以重罚。

像王永庆这样的超级富豪，一掷千金对他来说根本就不算什么。但是，一个商人的成绩无论多么大，都是这个社会里普通的一员。要谋求发展，就要处处小心谨慎，低调做人，稳步前进。

无限热情成就任何事情

一个人成就事业的大小，与做事的热情成正比。当你拥有满腔的热情时，就会激发出你的信心，产生追求成功的动力，你的潜能就会得到极大的发挥；相反，如果缺乏热情，积极性就调动不起来，做什么事都犹豫彷徨，这样的人，往往与成功失之交臂。

成功的企业家，通常都会用一种超乎想象的热忱，孜孜不倦地追求自己心中的目标。对此，李嘉诚解释说："如果你从事这个行业，你对这个行业却没有兴趣，你的兴趣在另一行，但你并没有去从事那个行业，你是不会成功的。"李嘉诚认为，做事投入是十分重要的。因为"你对你的事业有兴趣，你的工作一定会做得好"。

"最初创业时几乎百分之百不靠运气，是靠工作、靠辛苦、靠能力赚钱。当时之所以能够视吃苦为乐事，主要就是来自于全情投入的热忱。"

李嘉诚在少年的时候就不断地用想出人头地的热情激发自己，

在事业有成之时，仍然不断激发自己，努力不懈。李嘉诚曾经这样回忆说："力争上游，虽然辛苦，但也充满了机会。我们做任何事，都应该有一番雄心壮志，立下远大目标，用热忱激发自己干事业的动力。我17岁时已经知道自己将来会有很大机会开创事业，因为我抱着坚定不屈的信念。"

从事一件工作，一定要有相当的热情，并专注工作，借以培养自己对工作的兴趣。成功的生意人懂得，这个世界上没有不辛苦的工作，他们视工作为乐趣。须知："要怎么收获，需先怎么栽培！"

李嘉诚是香港首富，他至今仍然坚持每天清晨6点起床，大多数时间都是打高尔夫球，或者游泳，然后便以最大的热情投身于一天忙碌的工作之中。李嘉诚在长江集团中心顶楼的套间里指挥着这家联合大企业，其麾下拥有遍布世界的港口，全球性的移动电话业务，一家在加拿大的大型能源公司，分布在亚洲各地的超市，以及各种其他业务。这些都是他的热情使然。

爱默生说过："有史以来没有任何一件伟大的事业不是因为热情而成功的，最好的劳动成果总是由头脑聪明并具有工作热情的人完成的。"

"推己及人"的态度

何谓同理心？同理心是一个心理学概念，最早由人本主义大师卡尔·罗杰斯提出。学者们通常是这样来定义和描述的：同理心是在人际交往过程中，能够体会他人的情绪和想法、理解他人的立场和感受并站在他人的角度思考和处理问题的能力。

其实，同理心是一个既古老又通俗的命题。在中国文化中，两千多年前孔子就说过："己所不欲，勿施于人。"俗语也有"人同此心，心同此理"，"将心比心"。再现代一点是"理解万岁"、"换位思考"等等，都与同理心是一个意思。在西方文化中，摩西戒律强调"对自己无益的，亦不可施加于他人"。耶稣的"黄金法则"说："你们愿意人怎样对待你们，你们就要怎样对待人。"也说的是同理心的意思。尽管中西文化和思维方式有差异，但都把同理心当作一种道德标准。

同理心，也就是一种"推己及人"的态度。李嘉诚这样说道：

"感恩，蕴含特强的感染力，是一股悦己达人的力量。'推己及人'的态度，是一股为自己灵魂充电、成就他人、造就成功的超能量。

"一念的同理心，有无可量度的威力，我认为它是世界上最值得投资的'储备货币'，它的规模，它的流通，它的价值，在人心之中是实在、全面和绝对的。

"你可能觉得这是老生常谈，知易行难。其实，你不在乎它，才是一个关键失误。

"今天，世人要求成功者交出的成绩表，不但要对经济有所掌握，还要对环境保护有所承担，对人类生活有所贡献，'三重底线'的概念已是最基本要求，如果你想成为明天的领袖，世人对你的气节和能力要求，基准将更高。具有同理心的储备，才知道自己是一个'求存者'，还是一个'求成者'。

"在'求存者'的眼里，一切都是"谜"，但'求成者'却不同，即使置身于熙熙攘攘的世态中，依然懂得解码的方法。

"求成者的内心有所追求，对自己的定位明确，他们愿意为改善今天，不断寻找最佳方案；他们精明，但没有一大堆主观的标签；他们负责任的心态，为了贡献明天，拒绝接受不认真、僵化，把一切弄复杂的做事方法。

"'求成者'有纵横合一的真功夫，他们的思维系统，是非线性的，不怕拥抱新知识、新领域，看不见的联系，是他们创新的乐园。使命感令他们知谦卑，而不妄自菲薄；潇洒勤奋地工作，爱思考探索，乐在其中。

"最重要的是，'求成者'以'仁能善断'、'仁能善择'去定义自己的一生，我们要把这种态度元素，像编写智能系统内核一样，内置在人生当中，不断升级、不断优化，令涌现的机遇、洞见的升华、做人处世节奏的掌握，汇合得运行自如，有效做出最好的判断、最好的选择，打造自己的运气，建立充满光芒的人生。

"今天我借用犹太长老一个古老的命题：'我不为己，谁人为我，但我只为己，那我又是谁？'只有求成者对这个问题，有真正的答案。"

黄跃是一位留学生，曾经在美国的一家快餐店打工。有一天，他错把一小包糖当作咖啡伴侣给了一个女顾客。女顾客非常恼火，因为她正在减肥，必须禁食糖和一切甜点心。她大声嚷嚷，简直把那包糖当成了毒药，"哼，你竟然给我糖！难道你还嫌我不够胖吗？"当时黄跃完全不知道减肥对美国人有多么重要，他一下子愣在那里，不知所措。

这时，女经理闻声而来，她在黄跃耳边轻轻地说："如果我是你，马上道歉，把她要的快给她，并且把钱退还给她。"黄跃照着经理的话做了，再三道歉，那女顾客哼哼了几下就不出声了。这件事是快餐店的一次小事故，黄跃等着经理来批评或辞退自己。可是，经理只是过来对黄跃说："如果我是你，下班后我大概会把这些东西认认真真熟悉一下，以后就不会拿错了。"

不知为什么，这一句"如果我是你"，竟令黄跃感动不已。后来，他无论在学校上课，还是在其他地方打工，才发现老师也好、老板也好，明明是对你提出不同意见，明明是批评你，他们很少有人会直截了当地说"你怎么做成这样？你以后不能这么干！"而是常常委婉地说："如果我是你，我大概会这样做……"这句话使他不感到难堪，不感到沮丧，反而会感到有那么点温暖，那么点鼓励。

仔细分析，这些人说的话只是多了那么几个字，"如果我是你……"就一下子站到了对方的立场。大家一平等，情绪自然不会对立，沟通更容易进行。

同理心是人际交往的基础，是个人发展与成功的基石。这种"基础"和"基石"的作用，集中体现在一旦具备了同理心，就更容易获得他人的信任，而所有人际关系都是建立在信任基础上的。这种信任不是对人的能力的信任，而是对人格、态度或价值观方面的信任。环顾一下生活圈，事业成功的人，一般都是有同理心的人，他们善解人意、宽容大度、待人真诚、讲求信任。这种人活着不累，轻松自在，洒脱乐观，健康长寿。

逆境和挑战激发生命力度

"生命抛来一颗柠檬，你是可以把它转榨为柠檬汁的人。要描绘自己独特的心灵地图，你才可发现热爱生命的你，有思维、有能力、有承担，建立自我的你；有原则、有理想，追求无我的你。"李嘉诚在汕头大学"2011届毕业典礼"上，借"柠檬汁人生观"，鼓励年轻人活出属于自己的精彩人生。

大多数年轻朋友羡慕的是李嘉诚现在的财富、名望和地位，而对李嘉诚经历过的苦难、逆境和挑战知之不多。李嘉诚童年时，父亲因劳累过度不幸染上肺病，为了给父亲治病，一家的生活过得相当清贫，两顿稀粥，再加上母亲去集贸市场收集的菜叶子便是一天的粮食。父亲逝世后，14岁的李嘉诚被迫离开学校，用他稚嫩的肩膀，毅然挑起赡养慈母、抚育弟妹的重担。你愿意经历这样苦难的童年吗？很多人无法经历这样的人生考验。

李嘉诚说，他学到最价值连城的一课，是逆境和挑战只要能激发起生命的力度，我们的成就是可以超乎自己所想象的。

上天赋予每一个人独特生命的同时，也赋予每一个人热爱自己和塑造自己人生的责任。

曾经有悲观主义哲学家说，我们出生时之所以哇哇大哭，是因为我们预知生命必然充满痛苦，至于迎接新生命到来的成人之所以满心欢喜，是因为世间又多了一个人来分担他们的苦难。当然，这是消极、负面的论调。人生是苦是乐，都是内心的感受，一切都得靠我们亲自体验，一如挫折，或许遭遇之时会让我们感到痛苦，但正因为有了它，我们才能更加坚强、勇敢。

地球表面充满了各种尖石、碎玻璃等。如果我们想绕地球走一圈，而不使脚受伤，我们是不可能找到那么多皮革来覆盖整个地球的。但是我们只需要一点点的皮革盖住自己的脚底，便可以走遍天下了。

正如列夫·托尔斯泰所说："所谓人生，是一刻也不停地变化着的。就是肉体生命的衰弱和灵魂生命的强大、扩大。"

第三章

不疾而速，不为最先
——李嘉诚谈机遇

财富的根基

李嘉诚给年轻人的 10 堂人生智慧课

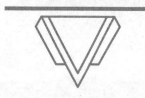

不疾而速，一击即中

据有关研究表明，有 80% 左右的公司并不适合快速发展。早已听惯了"不是大鱼吃小鱼，而是快鱼吃慢鱼"的说法，事实上已经没有多少意义。谨慎者，常因保守错失良机；开创者，常因扩张太快而一夕崩溃。李嘉诚的成功，就在于他能兼具两者优点，避开两者缺点，讲求"适度"地发展。

在塑胶厂当推销员，李嘉诚深知，要想变成一个出色的推销员，首要是勤勉，其次是头脑灵活。在日后的推销生计中，李嘉诚便充分发挥了这等"诀窍"。当其他同事每天只作业 8 小时的时候，李嘉诚就作业 16 个小时，天天如是。李嘉诚对"打工"的观点是："对自个的分内作业，我绝对全情投入。从不把它视为挣钱糊口，向老板交差了事，而是将之当作是自个的事业。"就这样，李嘉诚只花了一年时间，成果便逾越其他 6 位同事，变成全厂营业额最高的推销员。他其时的销售成果，是第二名的 7 倍。18 岁的他受到老板的欣赏，被擢升为部门经理。一年后，他当上了销售公司总经理。李嘉诚的快速擢升还有一段插曲：他在厂里当销售员时，再忙也要到夜校进修。他在会考合格后打算去读大学，老板为挽留这个人才，便干脆把他提升到总经理的岗位上了。

经过这短短一役，李嘉诚开始估计自个的实力，他觉得若自立门户，成果可能非常好。1950 年，22 岁的李嘉诚总算辞去总经理一职，尝试创业。其时，李嘉诚的资金十分有限，两年多来的积蓄仅有 7000 港元，实不足以设厂。他向叔父李奕及堂弟李澍霖借了 4 万多港元，再加上自个的积蓄，一共 5 万余港元本钱，在港岛的皇后大道西，开设了一家出产塑胶玩具及家庭用品的工厂，并取荀子《劝学篇》中"不积小流，无以成江海"之意，将厂名定为"长江"。

起先，李嘉诚只知不停地接订单及出货，忽略了质量控制，致使产品愈来愈粗劣。结果不是延误了交货时间，就是导致退货并要赔偿，工厂收入顿时急跌。加上原料商频繁上门要求结账还钱，银行又不断催还贷款，"长江"被逼到破产的边际。这使李嘉诚明白自个实在是操之过急，低估了当老板的风险。

那时，李嘉诚只知道速度而不知道稳健地发展。

李嘉诚有"不疾而速"的经营精髓："就是你没做这个事之前，你老早想到假如碰到这个问题的时候，你怎么办？由于已有充足的准备，故能胸有成竹，当机会来临时能迅速把握，一击即中。如果你没有主意，怎么样'不疾而速'？""不疾而速"，其实是在风险管理、信息收集、财务准备方面齐备了，遇到机会，才能"一击即中"。李嘉诚表示自己的主张从来都是稳中求进。李嘉诚事先都会制订出预算，然后在适当的时候以合适的价格投资。

九龙仓是香港最大的货运港，是香港四大洋行之首的"怡和系"的一家上市公司，与置地公司并称为"怡和系"的"两翼"。李嘉诚一直以置地为对手，对九龙仓没有多加注意。

九龙仓引起他的注意，是九龙仓的"挪窝"。与港岛中区隔海相望的尖沙咀，日益成为香港的旅游商业区。火车总站东迁后，九龙仓把货运业务迁到葵涌和半岛西，腾出来的地皮用于发展商业大厦。李嘉诚赞叹九龙仓的创始人以极低廉的价格获得这块风水宝地，如今水涨船高，身价百倍。

李嘉诚通过研究九龙仓，发现九龙仓是块风水宝地。但同时，李嘉诚发现，九龙仓在经营方式上存在缺陷：仍在固守着用自有资产兴建楼宇，只租不售的传统方式，造成资金回流滞缓，使集团陷入财政危机。

九龙仓为解危机，大量出售债券套取现金，又使得集团债台高筑，信誉下降，股票贬值。李嘉诚曾多次设想，若由他来主持九龙仓旧址地产开发，绝不致陷入如此困境。于是，李嘉诚不显山不露水地从散户手中购买了约占九龙仓总股数20%的股票。这一举动引起了九龙仓的注意。但由于资金储备的不足，九龙仓不得不求助于英资财团的大靠山——汇丰银行。

汇丰大班沈弼亲自出马，奉劝李嘉诚放弃收购九龙仓。李嘉诚审时度势，认为不宜同时树怡和、汇丰两个强敌。于是李嘉诚答应了沈弼。虽然收购没有成功，但这项行动证明了李嘉诚"不疾而速"的策略。

在李嘉诚看来，做任何事都要做好准备。"我凡事必有充分的准备然后才去做。一向以来，做生意、处理事情都是如此。例如天文台说天气很好，但我常常问我自己，如5分钟后宣布有台风，我会怎样，在香港做生意，亦要保持这种心理准备。"

1977年初，地铁公司宣布邀请地产发展商，竞投中环旧邮政总局地铁站上方的物业发展权，吸引 30 家地产集团竞标。其中最被媒体看好的，是英商置地公司。因此，李嘉诚预先沙盘推演。他计算长实可运用资金、银行可动用额度、加上自己口袋里的资金等立即可动用的现金，条件应比同业优越。

《全球商业》杂志对李嘉诚当时的决策进行了分析，得出当时李嘉诚"不疾而速"的关键三步骤：

1. 掌握房市趋势、卖方与竞争者的罩门，亦即掌握他再三强调的"知识"；

2. 公司本身需财务稳健，才有议价弹性；

3. 必要时，以"小金库"挹注"大金库"，亦即以私人资金支持公司对外购并。当一切齐备，自然能一举中的。

因此，李嘉诚的长实公司最终战胜了置地。经此一役，李嘉诚在港人心目中的地位，也随之升高。这件案子亦凸显了李嘉诚"不疾而速"的策略。

李嘉诚说道："我会贯彻一个决定，我在差不多 99.9% 的工程上做到这一点。譬如以过去数以百计的地盘而论，更改的情况可以说是绝无仅有。我不会今日想建写字楼，明日想建酒店，后天又想改为住宅发展。因为我在考虑的期间，已经着手仔细研究过。一旦决定了，就按计划发展，除非有很特别的情况发生。我知道香港有的人把几万英尺的一个地盘，可以把计划更改几次，十几年后才完成，有些人喜欢这样做，但我负担不起。"

"不为最先"的理念

李嘉诚的经营理念讲究"不为最先"，最新的最热的时候先不进入，等待一段时间后，市场气候往往更为明朗，消费者更容易接受，自己的判定决策也会比较准确，这时候采用收购的办法介入，成本最低。

著名经济学家郎咸平这样分析道："'不为最先'也是一种降低风险的方法。一方面，通过对前人的观察，掌握事物变化的规律，能比较准确地判断决策的结果。另一方面，等待一段时间后，市场气候往往更为明朗化。而且如果是想推出一个新产品，等待一段时间后，消费者则更容易接受。虽然这样做放弃了最先抢占市场的机会，但是因为能降低许多风险，有时是很值得的。'不为最先'也可以通过收购已从事某项业务的公司来达到，这样还可以避免早期的巨大投资。"

"'长江实业'的'不为最先'策略虽然避开了起初的高风险，但若把握不好时间的话就很容易进入高风险区或承担其后众多投资者加入竞争的后果。因此，'不为最先'的策略对投资时间的选择也是一门较难把握的艺术。'长江实业'历史上的各项投资，'不为最先'的策略运用得很多。"

一贯行事稳健的李嘉诚，素来不喜欢抢饮"头锅汤"。假如过一条冰河，李嘉诚绝不会率先走过去，他要亲眼看到体重超过他的人安然无恙走过，他才会放心跟着走。虽然把"摸石头过河"的任务交给别人，自己有可能迟人一步，迟人一步当然也可能丧失先机。但是迟人一步可以将形势看得更清，少走弯路，鼓足后劲，可以更快地迎头赶上。纵观李嘉诚平生的商业活动，可以看出，李嘉诚一贯以稳健为重。

李嘉诚在投资内地问题上，显得十分保守，甚至明显落伍，与他在海外的投资不成比例。十一届三中全会召开后，中国政府积极推行对外开放政策，不少香港大财团开始参与投资内地的基础建设。1979年，霍英东、包玉刚都在内地进行了大手笔的房地产投资。1983年起，马来西亚首富郭鹤年也进行了大型物业投资。胡应湘也进行了数项大型工程。

然而，李嘉诚在1992年前，只在中国内地大笔捐赠公益事业，而基本上没有投资。李嘉诚表示：我们一直在部署，到1992年，内地的投资条件才算成熟。

在李嘉诚看来，那个时候内地的投资条件还不是很成熟。在内地，关于改革开放出现的一些新事物，关于是进行市场经济还是计划经济的大讨论持续了十余年之久，仍在激烈地进行着。到内地投资，还有不少框框和禁区。因此，李嘉诚决定等待时机成熟之后再去投资。

1992年春，88岁高龄的邓小平足迹遍及武昌、深圳、珠海、上海等地，反复强调中国的改革就是要搞市场经济，基本路线要管一百年。他说，改革开放迈不开步子，不敢闯，说到底就是怕资本主义的东西多了，走了资本主义道路。要害是姓"资"还是姓"社"的问题。判断的标准，应该主要看是否有利于发展社会主义社会的生产力，是否有利于增强社会主义国家的综合国力，是否有利于提高人民的生活水平。邓小平发表"南方谈话"之后，一时间，股票热、房地产热、开发区热、引进外资热，一些过去不敢想象且被人为贴上"资本主义"标签的事物，在华夏大地蓬勃兴起。形势变得明朗起来，李嘉诚由此开始了在内地的大规模投资。李嘉诚虽闯劲不足但后劲足。

在内地站住脚的李嘉诚开始大规模地投资。在此期间，可以看出李嘉诚注重从时间上获得效率。高效赢得时间，时间就是金钱。

李嘉诚说："伴随着经济的飞速增长，人民的生活素质显著提高，司法系统在进一步完善。中国加入世界贸易组织之后将会更加开放，商业法规将会进一步完善，司法系统也将变得简单明了。所有这些都将增添投资者的信心。"

决策要"知己知彼"

《孙子·谋攻篇》中说："知己知彼，百战不殆；不知彼而知己，一胜一负；不知彼，不知己，每战必殆。"意思是说，在军事纷争中，既了解敌人，又了解自己，百战都不会失败；不了解敌人而只了解自己，胜败的可能性各半；既不了解敌人，又不了解自己，那只有每战必败的份儿了。

"知己知彼，百战不殆。"这一规律不仅为古今中外许多军事家所推崇，作为一种智慧，一种决策制胜方略，它同样适用于社会生活的各个领域，特别适用于当前的经济领域。

事实上，中外众多功成名就的企业家和众多长盛不倒的企业，都是极为善于运用"知己知彼，百战不殆"这一谋略的典范。

何谓"彼"？何为"己"呢？从商业经营管理的角度来说，所谓"己"，主要是指经营者自身所属的各种因素，这些因素是全方位的，它涵盖了经营管理者自身的每一环节。所谓"彼"，从广义的角度来说，所有的外在条件都属于"彼"的范畴。而从狭义的角度来说，"彼"又可以特指经营管理的对象——已有的客户和目标消费者。

李嘉诚曾在一次演讲中这样提到自己做决策的过程：

做任何决定之前，我们要先知道自己的条件，然后才知道自己有什么选择。在企业的层次上，身处国际竞争激烈的环境中我们要和对手相比，知道什么是我们的优点，什么是弱点，另外更要看对手的长处，人们经常花很长时间去发掘对手的不足，其实看对手的长处更是重要。掌握准确、充足资料可以做出正确的决定。

"（20世纪）90年代初，和黄（和记黄埔）原来在英国投资的单向流动电话业务Rabbit，面对新技术的冲击，我们觉得业务前途不大，决定结束。这亦不是很大的投资，我当时的考虑是结束更为有利。

"对通信技术很快的变化、市场不明朗的关键时刻，我们要考虑另一项刚刚在英国开始的电信投资，究竟要继续？或是把它卖给对手？当然卖出的机会绝少，只是初步的探讨而已。

"我们和买家刚开始洽谈，对方的管理人员就用傲慢的态度跟我们的同事商谈，我知道后很反感，将办公室的锁按上了，把自己关在办公室15分钟，冷静地衡量着两个问题：

"1.再次小心检讨流动通信行业在当时的前途看法。

"2.和黄的财力、人力、物力是否可以支持发展这项目？

"当我给这两个问题肯定的答案之后，我决定全力发展我们的网络，而且要比对手做得更快更全面。Orange 就在这环境下诞生。

"当然我得补充一句，每个企业的规模、实力各有不同，和黄的规模让我有比较多的选择。"

马云之所以能率领淘宝网击败行业老大 eBay，一个很重要的原因也就在于对对手的了解，就像他所说的："我们与竞争对手最大的区别就是我们知道他们要做什么，而他们不知道我们想做什么。"

早在这场"战争"开始以前，马云就长时间关注 eBay 的一举一动，"eBay 公司所有的高层资料我们都会详细分析，他们在世界各地的各种打法，他们擅长的各种管理手段和应招特点，我们都会仔细研究"。马云说，"因为 eBay 是上市公司而阿里巴巴不是，惠特曼对淘宝的了解尚不及他对 eBay 的了解。"

在与 eBay 的竞争中，马云不仅做到了知彼，也做到了知己，他正视 eBay 的强大，也清醒地认识到淘宝的优势所在，对此他有一个形象的比喻，"eBay 是大海里的鲨鱼，淘宝则是长江里的鳄鱼，鳄鱼在大海里与鲨鱼搏斗，结果可想而知，我们要把鲨鱼引到长江里来。""和海里的鲨鱼打，进了大海我们一定会死，但是在长江里打我们不一定会输的。"

正是基于知己知彼，马云才能在淘宝与 eBay 的竞争中游刃有余地指挥操控，并自信满满地将其击败。

不管做什么事情，"知己知彼，百战不殆"这个指导思想都很重要。这个道理似乎人人都十分明白，但是，在经营管理的实际操作中，真正能够做到知己知彼的人又有几个呢？

我国曾经在南非举办"中国贸易展览会"，这次展览会参展单位虽然事前做了大量准备工作，而且号称已经有了 100% 的把握，但是，竟然还是出现了令人贻笑大方的"知己"而不"知彼"的情况：

> 广州某家用电器公司想当然地认为南非既然是非洲国家，一定会很热的，所以只带去了冷风空调器，哪知到了南非后，才发现天气也很冷！后悔没有带冷热两用空调器来。还有的企业更加离谱，带去的参展产品竟然是甘蔗大砍刀，而南非根本就不种植甘蔗！类似这样可笑的"知己"不"知彼"的例子实在太多了。

做到"知己知彼"之后，竞争者就可以根据不同的对手制定相应的应付措施，以己之长克人之短。一般来讲，在"知己知彼"的情况下，有效的竞争策略可以采取进攻和防守两种方法。这通常包含如下三种技巧。

一是使自己处于适当的位置，以便在同现有的各种竞争力量抗衡时发挥最佳的防御作用。

二是打破各种竞争力量之间的平衡关系，以此来保持自己所处的相对位置。

三是善于充分利用竞争各方力量的变化。随着竞争的进行，各种竞争力量之间会发生量和质的变化。竞争者应当敏锐地预见到这种变化，并在其他对手还未意识到这种变化之前采取一种与即将出现的竞争格局相适应的对策。这样，自己就可以在新的竞争环境中处于居高临下的有利地位，既可进攻，也可防守。

总之，"知己知彼"是夺取竞争中胜利的基本前提，也是制定有效竞争策略的基本依据，有了这个前提和依据之后，善于巧妙交叉地使用上述三种技巧，竞争者就可以游刃有余地采取进攻和防守两种基本策略，为获得竞争的胜利创造条件。

变危机为契机

经营企业必然会面临很多风险，尤其在企业成长过程中必然会遇到很多困难和阻力。成熟的企业家往往能够从容地应对危机，并把危机变为"契机"。

1957 年，李嘉诚因为产品质量问题刚从"绝境"中走出来，便开始了他一系列别具新意的"转轨"行动——生产既便宜又逼真的塑料花。这些塑料花投放市场后，渐渐引起人们注意，"长江塑料厂"的名字也开始为人们所熟悉。商场如战场，长江塑料厂的红火自然引起同行的忌妒，有人甚至蓄意要搞垮长江厂。有一天，李嘉诚正在同几名技术工人将设计出来的塑料花进行调色，寻找新的配方时，发现有人在厂门口拍照，要对长江塑料厂作反面宣传。李嘉诚压抑住自己年轻气盛的情绪，平静地要工人们继续干活，不要被眼前的事情干扰。几天后，这些照片果然刊登在报纸上了，照片上的长江塑料厂显得破旧不堪。刊登拍照者的意图显而易见，就是要置长江塑料厂于死地。李嘉诚很快让自己冷静下来，他决定将计就计，就让这些报纸给他作免费宣传。

李嘉诚拿上报纸和公司的产品，走访了全香港上百家代理商，并坦诚地对他们说："你们看，创业之初我们厂是够破的，我这个厂长也显得面容憔悴，衣冠不整，但请看看我们生产的塑料花，有几款是我们自己设计，连欧美市场都见不到的产品。我们的质量可以证明一切，欢迎你们到我们厂里参观订购。"经销商们看着眼前这位诚实勇敢的年轻人，为他的敬业精神和灵敏的商业智慧所折服，很多人起初还有些怀疑，经过多方了解和到厂里参观后，他们很快被李嘉诚的创意所吸引。李嘉诚的订单越来越多，而且，因为他的价格合理，有些经销商甚至主动提出愿意先付 50% 的订金。

洛克希德·马丁公司前任 CEO（首席执行官）奥古斯丁认为，每一次危机本身既包括导致失败的根源，也孕育着成功的种子。李嘉诚在灾难面前采取了冷静的态度，巧妙地利用竞争对手的负面宣传扩大了自身的知名度，有效地宣传了自己的产品，借势扩大了企业的美誉度，反而广泛赢得人心。

香港地少人多，平原地区人口密度达每平方公里 5 万到 13 万（旺角）。直到今天，居住一直是香港的大问题。此外，从转口贸易转向制造业还需要大量的厂房。再后来，香港向现代服务业转型并成为远东金融中心，对高档写字楼、酒店的需求极为旺盛。

1958 年，李嘉诚从塑胶花淘到第一桶金后就动手在北角兴建一座 12 层的工业大厦，1960 年又在柴湾建起第二座工业大厦。这两个只租不售的项目成为李嘉诚进军地产的基石。据香港方面公布的数据，1980 年与 1959 年相比，工业用地价格上涨 280.8 倍；商厦写字楼用地价格上涨 73.5 倍；住宅用地价格上涨 82.2 倍。

1966 年"文革"狂热感染了香港左派，"中共将武力收复香港"的谣言四起，移民潮、物业抛售潮应声而起。李嘉诚审时度势逢低吸纳，到 20 世纪 70 年代初，持有物业达到 35 万平方英尺（3.25 万平方米），每年租金收入 390 万港元。此外，还持有 7 项在建工程。

　　凭着这点本钱，长江实业（1972 年 7 月更为此名）于 1972 年 11 月在港上市，募集资金 3150 万港元。同一时期上市的新世界募集 1.6 亿港元，恒隆地产募集 2 亿港元，而新鸿基募集 10 亿港元。市值仅 1.57 亿港元的长实勉强位列“华资地产五虎”，根本无法与英资的置地相提并论。

　　在香港，看准人多地少、房地产必旺者大有人在，但唯有李嘉诚在历次大风大浪中（1966 年狂泄；1973 年石油危机引发香港股灾；20 世纪 80 年代中英谈判遇到波折引发信心危机危及香港股市、楼市崩盘；1997 亚洲金融危机；2007 年世界金融危机等）利用香港国际金融中心的便利条件进行股权融资和债权融资，采取“人弃我取”的策略一次又一次成功抄底。①

　　1985 年 1 月，李嘉诚收购港灯的计划迎来了机会。他深知作为卖家的英资置地公司急于出手减债，经过 16 小时的商议，他以比前一天股市收盘价低 1 港元的折让价，收购了港灯 34% 的股权。仅此一项，李嘉诚就为买家的股东节省了 4.5 亿港元。当港灯股票市价上涨后，李嘉诚又出售一成股权套现，净赚 2.8 亿港元。1986 年，李嘉诚斥资 6 亿港元，购入英国皮尔逊公司约 5% 的股权。半年后抛出该股票，赢利 1.2 亿港元。

　　危机常在，而巧度危机的智慧并不是每个企业和经营者都具有的。作为一个优秀的企业或企业家不但要善于应对危机，化险为夷，还要能在危机中寻求商机，趁“危”夺“机”。世界上任何危机都孕育着商机，且危机愈重商机愈大，这是一条颠扑不破的商业真经。

---

① 柳叶刀 . 脱亚入欧——李嘉诚曾抓住这四个浪潮［OL］. 百度百家，2015.

延伸
阅读

做自己命运的行动英雄

我14岁那年，一位会看相的同乡对我母亲说："你儿子眼眸无神，骨瘦如柴，未来恐难成大器。他安分守己，终日乾乾，勉强谋生是可以的，但飞黄腾达，恐怕没有他的福分！"

彼时我妈妈刚刚失去丈夫，这番话令她多心酸。妈妈把失望放在一旁，安慰和鼓励我说："阿诚！天命难算，上天一定会厚待善良、努力的人。再艰难，只要一家人相依一起就不错啦。"我当然相信母亲，但我更相信我自己！我请妈妈放心，我内心相信，只有自己双手创建的未来，才是唯一能信任的命运。

当年我们一家生活在战乱、父亲病故、贫穷三重合奏的悲歌中。抬头白云悠悠，前景一片黯愁，仰啸问天，人情茫如风影，四方没有回应。我唯一的信念是——建立更好的自己，才能建立更好的未来。

在我眼中，未来跟明天是两回事，天命和命运是不同的。明天只是新的一天，而未来是自己在一生的各种偶然性中，不断选择的结果。追求自我，努力改善自己是一股正面的驱动力，当你把思维、想象和行动谱成乐章，在科技、人文、商业无限机会中实践自我；知识、责任感和目标融会成智慧，天命不一定是命运的蓝图。

你成功追求自我，前途光明远大，你下一阶段的追求是什么？你的价值取向、你的理想是什么？我们活着又是为了什么？世界上千千万万的人，今天依然活在悲惨、孤寂、贫病的绝望之谷，承担社会的责任，是不是我们的义务？

有能力的人，要为人类谋幸福，这是任务。历史中有很多具创意、有抱负的人和群体，同心合力，在追求无我中，推动社会进步。天地之间有一种不可衡量、永恒价值的元素，只有具使命感的人才能享有。这不是秘密，可惜，三岁小孩知道的事，不是人人做得到。回想过往，人生似梦非梦，七十年匆匆过去，那个同乡看不起的瘦弱、无神的少年，一直凭努力和自信建立自我，追求无我。

各位同学，你们生活在机遇的时代，在这片充满机会的大地上，我深信你们的成就一定比我更高、更好，能量一定比我更大，我们不一定是拯救世界的英雄，但我们谨守正知、正行、正念，应该可以高声回应社会：我们一生未曾不仁不义、不善不正。我盼望，为下一代建立和守望未来，是每一位长江商学院同学的承诺，让我们一起共勉，同塑更美好的世界，世世代代能在尊严、自由和快乐中，活出我们民族的精彩。

（本文摘编自李嘉诚在长江商学院十周年庆典的演讲）

第四章

描绘自己独特的心灵地图
——李嘉诚谈志向

• 财富的根基 •

李嘉诚给年轻人的 10 堂人生智慧课

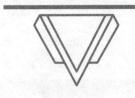

志不立，天下无可成之事

这个故事在中国是家喻户晓的：主人公有唐僧、孙悟空、猪八戒和沙僧，徒弟3人保护师父唐僧去西天取经。

在保护唐僧去西天取经的路上，孙悟空能七十二般变化、降妖除魔、冲锋陷阵；猪八戒虽然贪吃贪睡，但打起架来也能上天入海，助猴哥一臂之力；沙僧憨厚老实、任劳任怨，把大家的行李挑到西天；唐僧最舒服，不仅一路上有马骑、有饭吃，而且妖魔挡道也不用其动一根指头，自有徒儿们奋勇上阵。

那么，在他们4个当中，谁最重要呢？唐僧，唐玄奘！

为什么？人们发现，最没有本事的就是唐僧。他做事不明真伪，总是慈悲为怀，动不动还要给孙猴子念上几句紧箍咒。但是，就是他，在孙悟空一赌气回了花果山、猪八戒开小差跑回高老庄、沙僧也犹豫的情况下，他毅然一个人奋勇向前，不达目的誓不罢休。因为，唐僧心里清楚地知道，他去西天的目的是要取回真经普度众生。他知道为什么要去西天，他知道他为什么做，他知道他要什么；而3个徒弟，他们并不知道为什么要去西天，他们只是知道保护好唐僧就行，至于为什么要保护好唐僧，他们不用去考虑，他们知道的是怎样做，并且把它做好。所以，无论路程多么艰险、无论多少妖魔挡道、无论多少鬼怪想吃其肉，唐僧都毫无畏惧，奋勇向进。最后，唐僧不仅取回了真经，而且还使曾经被称为妖精的 3 个徒弟，最终功德圆满成佛。一个人如果一开始就不知道他要去的目的地在哪里，他就永远到不了他想去的地方。

立志要像愚公移山一样，目标远大，虽困难重重，但是却是一定是能实现的，而且每天能看到自己离目标近了一点。所以对于个人来说，立志不应该是外在的目标，应该以自己的能力和道德不断超越和完善为目标。这个目标永无止境，但是自己却能看到自己每天的进步。之所以要立志，前提是人一定能成为自己想成为的人。

李嘉诚坦称，是环境的压迫造就了"李嘉诚"。李嘉诚认为志向不是天生的。李嘉诚这样说道："以哲学的角度而言，事物都是发展的。人的志向涉及两个环境：其一是你自己的理想所造就的；其二是现实生活所给你的。这两个环境就是你无法抗拒的，他们相互斗争的过程，也是磨砺你意志的过程。

卡耐基基金会曾组织科学家对世界上一万个不同种族、年龄和性别的人进行过一次关于人生目标的调查。调查发现，只有 3% 的人有明确的目标，并知道怎样把目标落实；而另外 97% 的人，要么根本没有目标，要么目标不确定，要么不知道怎样去实现目标……10年之后，卡耐基基金会对上述对象再一次进行调查，但结果令人吃惊：调查样本总量的 5% 找不到了，95% 的人还在；属于原来那 97% 范围内的人，除了年龄增长 10 岁以外，在生活、工作、个人成就上几乎没有太大的起色，还是那么普通和平庸；而那原来与众不同的 3%，却在各自的领域里都取得了相当的成功。他们 10 年前提出的目标，都不同程度地得以实现，并正在按原定的人生目标继续走下去。

古语云："取法乎上，得乎其中；取法乎中，得乎其下；取法乎下，无所得矣。"意思是说：目标不妨定得高些，其结果可能会比目标差些；目标定得中等，其结果会比目标偏下些；如果目标定得不高，那么结果可能会不怎么样。这就要求人做什么事要高标准、严要求。

人生如此，经商创业也是如此。要想成为一名顶级商人，就一定要及早确立明确的目标，用明确目标的正向能量激励自己。心有多大，舞台就有多大；目标有多高，成就就有多高。做一名商人要有一个明确的目标，并始终对自己要充满希望。

一个人要想有所成就必须确立明确的目标，方可给自己方向和动力，去努力实现自己的理想；一个企业同样也需要明确的方向和目标，就像大海上的航船借灯塔的指引前进。明确的方向和目标能指引企业的发展方向，从而使企业少走弯路，顺利地发展自身，同时把一切力量集中起来为此目标而奋斗。

做事不能像没头脑的苍蝇似的乱飞乱撞，一定要给自己制定一个明确的目标，没有目标就无法鼓起干劲。李嘉诚取得的辉煌成就可以说是以其志存高远的目标为基础的。李嘉诚为自己最初制定的目标是：一定要有自己的公司，自己做老板。虽然李嘉诚事业起步之时困难重重，但是他却没有被吓倒，而是矢志不渝地朝着自己的目标一步步前进。

事业初具规模时，李嘉诚再接再厉、不断进取，为自己确立了远大的人生目标。李嘉诚自1971年6月创办长江地产有限公司后，就集中所有的力量发展房地产业。第一次在公司高层会议上，李嘉诚就满怀信心地提出赶超置地的远大目标。李嘉诚的目标刚一提出，就被人视为痴人说梦。当时，置地是全球三大地产公司之一，也是香港地产的龙头和绝对霸主，长江与之相比只能算小型地产公司，两者实力相距甚远。

李嘉诚充满自信地说道："世界上任何一家大型公司，都是由小到大、从弱到强的。置地创始人遮打爵士由英国初来香港时，也只是个默默无闻的贫寒之士，他靠勤勉、精明和机遇，终成一代巨富。他创九仓（九龙仓）、建置地、办港灯（香港电灯公司），多有胆识和魄力！我们做任何事，都应有一番雄心大志，立下远大目标，才有压力和动力。"

李嘉诚并非夜郎自大，说大话空话。他有的放矢，把置地当成靶子，在心理上先树立起必胜的信念。不到十年时间，李嘉诚的地产公司就实现了赶超置地的目标。李嘉诚以超越置地作为目标，不断地激励自己和下属，所以才能取得后来的成果。可见，树立一个明确的目标，是一个商人发展事业的前提。

一个成功的企业家，他的视野一定是开阔的，李嘉诚不满足于已有的市场，而是不断地给自己确立更高的目标，超越自己，提高自己，努力占领全球市场。

一个有志向的人，因为有了方向，视野就会变得更开阔，看得也更远。李嘉诚回忆自己创业的经历，曾经意味深长地说："创业之初，你是否有资金都无关紧要，重要的是你有梦想，并且不会轻易改变这一种创业的信念，它是你迎战艰难、屡败屡战的精神动力。而后在实践中学习知识、总结经验，并把这种热情持续下去，离成功就不远了。"

李嘉诚注重培养两个儿子的志向，他认为："如果子孙是优秀的，他们必定有志气、有实力去独闯天下。反言之，如果子孙没有出息，追求享乐，好逸恶劳，存在着依赖心理，动辄搬出家父是某某，子凭父贵，那么，留给他们万贯家财，只会助长他们贪图享受、骄奢淫逸的恶习，最后不但一无所成，反而成了名副其实的纨绔子弟，甚至还会变成危害社会的蛀虫。如果是这样的话，岂不是害了他们吗？"

"对于泽钜、泽楷，我没有一般中国人一定要子孙继承事业的想法。但是，我也会给他们机会，给他们创造继续发展的良好条件。如果最后他们的能力确实无法胜任，那么，我认为企业可以继续发展，只是无须李家管理。一个真正优质的企业，只要组织正确，有一套健全的制度和科学的管理，便能生存并继续向前发展。"

"知止不败" 最重要

欹器，又常被称作歌器。它是一种灌溉用的汲水罐器，是我国古代劳动人民在生产实践中的创造。欹器有一种奇妙的本领：未装水时略向前倾，待灌入少量水后，罐身就竖起来一些，而一旦灌满水时，罐子就会一下子倾覆过来，把水倒净，而后又自动复原，等待再次灌水。

关于"欹器"最早的记载，可见于战国时《荀子·宥坐》。这里"宥"字相当于"右"字。"宥坐"也即"右坐"或"右座"。"欹器"也是鲁王用来代替今人所说的"座右铭"的。《荀子·宥坐》中有这样的记述：

孔子到鲁桓公的庙里参观，看见一只倾斜的器皿，便向守庙的人询问："这是什么器皿？"守庙的人回答说："这是君王放在座位右边警戒自己的器皿。"孔子说："我听说君王座位右边的器皿，空着便会倾斜，倒入一半水便会端正，而灌满了水就会倾覆。"孔子回头对弟子们说："向里面倒水吧！"弟子们舀水倒入其中。大家看到，水倒入一半，器皿就端正了；灌满了水，器皿就翻倒了；空着的时候，器皿就倾斜了。孔子感叹说："唉，哪里有满了不翻倒的呢！"可见，任何事情都只有做到恰到好处才能够保证成功。

李嘉诚表示："其实儒家中最简单的就是孔子说的'过犹不及'，还有老子讲的'知止不败'，这两个治学都是非常有用的。'过犹不及'是说如果你过度地扩张，容易出问题。你过度地保守就不容易和人家竞争。任何企业和行业，过度扩张是不好的，所以什么时候应该停止，什么时候应该扩张，就是'四两拨千斤'。怎么样从小型企业过渡到中型企业，怎么样从中型企业再扩大一点，扩大50%而不影响资金，这都是一个学问。"

老子和孔子要向人们讲述的就是"知止"的重要性。李嘉诚的经营理念中，有"知止"两个字。他说："经营企业，'知止'两个字最重要。我从12岁就开始投身社会，到22岁创业时就已经过了10年非常艰苦的日子，到今天我已工作60多年了。在香港我看过有些人成功得容易，但是掉下去也非常快，是什么原因呢？'知止'是非常重要的。全世界很多企业之所以失败，最少一半都是因为贪婪。"

李嘉诚让人羡慕、叹服、着迷，因为在时代的轮盘赌上，无数人输掉了生意、输掉了人生，李嘉诚却总能避过风险，把握机会。他演绎了一个贫寒少年白手起家而成功的经典神话。

他为千千万万的普通人实现了梦想。他为什么能够在汹涌澎湃、风险丛生中独立竿头，经久不败呢？那就是"知止"。在李嘉诚办公室墙壁上，悬挂着两个字："知止。"李嘉诚取之精要："知利之止，知欲之止，为知人生之成局！"

成功离不开吃苦耐劳

中国古代著名思想家孟子说过："天将降大任于斯人也，必先苦其心志，劳其筋骨，饿其体肤，空乏其身，行拂乱其所为，所以动心忍性，增益其所不能。"

这段话的意思是：上天要想把重大的使命交给一个人，必定要首先困苦他的思想意志，使他的筋骨劳累，使他的身体肌肤忍受饥饿，使他身受贫困，拂逆、扰乱他的作为，用来使他内心警觉，性格坚忍，增长他不具备的能力。

世界船王包玉刚很欣赏香港人讲的一句话："力不到不为财"，意思就是：从来不会有天上掉下来的馅饼，若要成功，就要不怕吃苦。

在一次演讲中，内地首富刘永好说："如果我的成功能给人以启示的话，那么我认为，最重要的一点就是吃苦，在我以前的经历中，感受最深的就是吃苦教育。正是那些苦难，给了我一种信念、一种力量、一种雄视任何艰难困苦的毅力和勇气。我今天取得的所有成绩都是与我吃苦拼搏的精神分不开的。"

一个有吃苦耐劳精神的人，会通过自己的勤劳创建自己的事业，并使之从小到大，从弱到强，最终成为一个令人尊敬的富豪。只有那些"又恶又懒"的人，才会坐等资金，并以没有资金为由而怨天尤人。在这个意义上，上帝又是公平的。

李嘉诚不是一个天生的幸运儿，他所经历的忧患与磨难，是今天的年轻人所难以想象的，如果说上帝不公，再没有谁受到的不公比李嘉诚更严重了。李嘉诚异于常人之处，不是他所受到的苦难，而是他在苦难之中的顽强奋斗，这是他取得成功的根本原因。

1981 年，李嘉诚在谈到自己走向成功的因素时说：

"在 20 岁前，事业上的成果 100% 靠双手勤劳换来；20 至 30 岁之间，事业已有些小基础，那十年的成功，10% 靠运气好，90% 仍是由勤奋得来。"

1986 年，李嘉诚继续阐述他的观点：

"对成功的看法，一般中国人多会自谦那是幸运，很少有人说那是由勤奋及有计划地工作得来的。我觉得成功有三个阶段：第一个阶段完全是靠勤奋工作，不断奋斗取得成果；第二个阶段，虽然有少许幸运存在，但也不会很多；现在呢？也需要一点运气，但如果没有个人条件，运气来了也会走的。"

李云经一生无成，把希望寄托在长子李嘉诚身上。李嘉诚不负厚望。他聪颖好学，3 岁就能咏《三字经》、《千家诗》。5 岁那年，李嘉诚进了潮州北门街观海寺小学念书。李嘉诚读书的悟性与勤勉，深得父亲的赞许。

1937 年 7 月 7 日，日军逐步侵占了中国的半壁山河。不久，潮州沦陷于日军的铁蹄之下。执教多年的李云经彻底失业，同时李嘉诚也失学了。

所幸内地烽火连天，兵荒马乱，香港却是太平盛世，一派祥和繁荣，成为战时的避难所。特别是，妻弟庄静庵是香港的殷商，是唯一可以投奔的对象。李云经与妻庄碧琴商议多日，决定前往香港投靠庄静庵。

1940 年冬天，李云经一家历经千辛万苦，跋山涉水十多日，终于来到香港。李嘉诚一家到来时，庄静庵腾出房间让李氏一家住下，设家宴为姐姐、姐夫洗尘。席间，他仔细询问了家乡的近况，然后为姐夫介绍了香港现状，劝李云经不要着急，先安心休息，逛逛街，再慢慢找工作。

庄静庵未提起让姐夫李云经去他的公司做职员，这是李云经夫妇始料不及的。庄碧琴想去质问弟弟，但被李云经拦住了。他不想给妻弟添太多的麻烦，来香港投靠妻弟，已是万不得已。

不久，第二次世界大战全面爆发，日军的铁蹄很快便踏上了香港。在日军统治下，香港百业萧条。李云经挣的薪水越来越少，为了养家糊口，他只好拼命工作。由于常年劳累，再加上贫困、忧愤，李云经染上肺病，终于在家庭最困难时病倒了。

为了维持儿子的学费，李云经坚持不住院，医生开了药方，他却不去药店买药，偷偷省下药钱，以供日后儿子继续学业。后来，庄静庵实在看不下去了，才"强行"把他拖进了医院。

为了给父亲治病，李嘉诚一家生活得相当清贫。两顿稀饭，再加上母亲去集贸市场收集来的菜叶子，便是一天的"美食"。1943年那个寒冷的冬天，李云经走完了他坎坷的一生。临终前，他哽咽着对李嘉诚说："阿诚，这个家从此就只有靠你了，你要把它维持下去啊！"

此外，李云经知道未成年的儿子未来更需要依靠亲友的帮助，同时又不希望儿子抱有太多的依赖心理，因而留下了"贫穷志不移"、"做人要有骨气"、"求人不如求己"、"吃得苦中苦，方为人上人"、"失意不灰心，得意莫忘形"等遗言。

父亲的熏陶和遗训，李嘉诚永世不忘，时刻铭记在心，并伴随他一生的风风雨雨，使他终身受益无穷。但与此同时，父亲没有给李嘉诚留下一文钱，相反，他给李嘉诚留下了一副家庭的重担。后来有一个记者问起李嘉诚："请您说说一个人的成功是不是跟从小的志向有关，而一个人的志向是不是天生的？"

李嘉诚回答说："我自小便很喜欢念书，而且很有上进心。那时候，我就暗暗地发誓，要像父亲一样做一名桃李满天下的教师，但是由于环境的改变，贫困生活迫使我孕育了一股强烈的斗志，就是要赚钱。可以说，我拼命创业的原动力就是随着环境的变迁而来的。

"当我14岁的时候，父亲去世，我要肩负家庭的重担，因为我是长子，而父亲并没有留下什么给我们，所以读书是绝对没有可能了。赚钱是迫在眉睫的事，这样志向就有了改变。而且在接下来进入社会开始工作的日子里，我有韧性，能吃苦，因为我不计较个人得失，只是努力工作，努力向上，再加上忠诚可靠，因此一路进步，薪金

也一路增加。"①▨

李嘉诚创立长江塑胶厂时，虽然身为老板，李嘉诚仍是当初做推销员时的那种老作风，每天工作 16 个小时，一周工作 7 天。他的时间太紧了，又要省的士费，又要讲究效率，只好疾步如飞，这都是让环境给逼出来的。

中午时，李嘉诚急匆匆地赶回筲箕湾，先检查工人上午的工作，然后跟工人一道吃简单的工作餐。没有餐桌，大家都是蹲在地上，或七零八落找地方坐。

第一批招聘的工人，全是门外汉，过半还是洗脚上田的农民，唯一懂行的塑胶师傅就是老板李嘉诚。机器安装、调试，直到出产品，都是李嘉诚带领工人一道完成的。

晚上，李嘉诚仍有做不完的事：他要做账，要记录推销的情况，规划产品市场区域，还要设计新产品的模型图，安排第二天的生产。

被奉为"经营之神"的世界塑胶大王王永庆，其创业的成功与经商的辉煌在很大程度上也取决于自身的吃苦耐劳。

王永庆出身之贫苦是远非一般人所能想象的。王家除了稍可躲避风雨的茅草屋外，一无所有。王永庆小小年纪，就不得不随母亲成天守候在附近的台车道旁，捡拾从这儿经过的运送木材或煤炭的台车上掉下的那些有限的木材、煤块，去换几个钱补贴生活。王永庆就这样在车道旁度过了满身煤灰、烂泥的幼年。

然而，这一段童年生活，虽然过得很辛苦，但却造就王永庆吃苦耐劳的品格。俗话说，穷人的孩子早当家。王永庆很早就开始捡废弃物来变卖，卖了钱不是拿来吃喝，而是给母亲用来养猪，这相

---

① 王志纲．成就李嘉诚一生的八种能力［M］．北京：金城出版社，2009．

当于一种投资行为，使钱的用途不在于消费，而在于从事生产，这是穷人翻身的第一步。

1931年，王永庆15岁，他放弃学业到嘉义一家米店当小工。一年后，王永庆已经大致掌握了米店经营的方法。于是，他以父亲王长庚的名义筹集了200元钱做本钱，在嘉义开起一间小小的米店，自己身兼老板与伙计，艰难地迈出了白手起家的第一步。

起初，王永庆的米卖不出去，于是他挨家挨户去拜访、推销，好不容易才争取到几家愿意试用。为了保住客户，吸引他们经常光顾，王永庆决定在品质与服务方面努力一把。他把米里的米糠、砂石、杂物都捡干净，使米的卖相更佳。每当顾客上门时，他就主动要求把米送到客人家去。到了客人家，则先把米缸里的旧米倒出来，新米放入，再倒旧米。同时，用笔记簿记下客人家里有几口人，每一顿吃几碗米。下回，在客人吃完米的前两三天，他就把米送到客人家了。

接着便是收款问题，他会记下客户发薪的日期，有的在月初，有的在月尾。待领薪日过后，再去收米账，多半可以收齐。

客户不但吃到好米，也感受到了周到的服务，不久就一个传一个地介绍上门买米了。想当初，一包12斗的米，王永庆一天都卖不掉。一两年后，他一天就可以卖出十几包米，业绩增长了十几倍。

然而，每斗米送到客户家里卖5角5分，利润只有20%，所以当时有句俗语："粜米卖布，赚钱有数。"贩米利润微薄的现实使王永庆确信只有吃苦耐劳，才能改善自身的处境。累积了相当的客户之后，王永庆就买了碾米设备，米店的业务渐渐扩大了。后来由于业务的需要，王永庆又租了一家规模较大的碾米厂，做批发业务。这时候的王永庆，不仅仅是米店老板，还是拥有碾米厂的小商人，这是他走向成功与辉煌的第一步。

化怨愤为勤奋克逆境

一本叫《异类》的畅销书，讲述了"不一样的成功启示录"。那本书通过数据分析得出一个惊人的结论：

"无论是作曲家、篮球运动员、作家、滑冰运动员、钢琴演奏家、棋手，还是作案屡屡得手的惯犯，对他们的练习时间进行统计的结果，都毫不例外地得到 10000 这同一个数字。10000 个小时相当于每天练习 3 个小时，或者一周练习 20 个小时，总共持续 10 年的练习时间。

当然这并不能解释有些人比其他人更加疏于练习的原因。但不需要花费多少时间练习技能就能达到世界级水准的案例，目前还没有出现。由此可知，长时间的练习能让人脑吸取各种技能信息，并确保一个人能成为专家。"

那些 IT 巨子，比尔·乔伊和比尔·盖茨都曾经历过超过 10000 个小时的练习。而李嘉诚、宗庆后这样的工商领袖，虽然并未享受过乔伊和盖茨编程所带来的直接便利，但少年经历和日常事务，毫无疑问为他们提供了训练和创造力的出口。

当李嘉诚度过了自己仓促的少年时代后，"少年的欢乐、人性的懒惰和人生的惯性，在他身上几乎找不到什么蛛丝马迹。他的精力几乎完全用在赚钱上了，用在与人、与钱打交道上了，用在争取他和家人活命的资本上了。"

他在讲述自己年轻经历时也说过："我年轻打工时，一般人每天工作八到九小时，而我每天工作十六小时。除了对公司有好处外，我个人得益更大，这样就可以比别人赢少许。面对香港今天如此激烈的竞争，这更加重要。只要肯努力一点，就可以赢多一点。"

李嘉诚以双倍的时间进行自己10000小时的训练。

当李嘉诚完成了他的训练之后，他就开始奔走在通往财神的道路上，时而蹒跚而行，时而小步疾走，时而甩开膀子狂奔。他每天多赢少许，日积月累，终于赢得了整个香港、整个世界。

所谓"一分耕耘，一分收获"，一个人所获得的报酬和成果，与他所付出的努力有极大的关系。运气只是一个小因素，个人的努力才是创造事业的最基本条件。

李嘉诚的发迹，其实是一个典型青年奋斗成功的励志故事。一个年轻小伙子，勤俭好学，吃苦耐劳，凭着一股干劲，赤手空拳创立出自己的事业王国。

李嘉诚指出，年轻人要想成功首先要勤奋。他说这句话我们信服，因为他本人就是靠自己的勤奋、吃苦耐劳获得成功的，他有说这句话的资格。他在别人休息玩乐的时间里学习、工作，所以成功的机会总是眷顾着他。

当李嘉诚还是孩子的时候，他母亲就教他"吃得苦中苦，方为人上人"、"只要功夫深，铁杵磨成针"的道理。在李嘉诚幼小的心灵就有了只有勤奋、吃苦耐劳，才能达到目标、才能成大事的认知。

每当谈及勤奋的时候，李嘉诚都会说："对成功的看法，一般中国人多会自谦那是幸运，很少有人说那是由勤奋及有计划地工作得来的。"

对于勤奋和努力，李嘉诚是看得很重的，所以每当提及自己多年来为了获得成功所付出的勤奋和努力的时候，从来就不会讲过多的自谦之词。

李嘉诚 14 岁时，父亲病逝了，他不得不辍学到茶楼当伙计。茶楼工作异常辛苦，店伙计每天必须在凌晨 5 时左右赶到茶楼，为客人们准备好茶水茶点。李嘉诚是地位最卑下的堂倌，大伙计休息时，他还要在茶楼侍候。晚上是茶客最多的时候，茶楼打烊时，已是夜深人静了。李嘉诚后来回忆起这段日子，说他是"披星戴月上班去，万家灯火回家来"。尽管这样，他也不敢有丝毫懈怠。李嘉诚每天都把闹钟调快 10 分钟，定好响铃，最早一个赶到茶楼。

的确，李嘉诚今天所取得的一切成就，都是依靠勤奋得来的。李嘉诚深知，没有吃苦耐劳的精神，是做不好推销工作的。刚开始做推销工作，李嘉诚因没有经验而屡屡碰壁。为了做得比别人更出色，他只能"以勤补拙"。那段时间，他每天都要背一只装有商品的大包，长途跋涉，挨家挨户推销产品。李嘉诚眼光远大，抱负不凡。几年推销员的生涯，让李嘉诚走南闯北，踏遍了香港每一条大街小巷，对市场的动向了如指掌。

曾有人问李嘉诚的成功秘诀。李嘉诚讲了下面这则故事：在一次演讲会上，有人问 69 岁的日本"推销之神"原一平其推销的秘诀是什么，他当场脱掉鞋袜，将提问者请上讲台，说："请你摸摸我的脚板。"提问者摸了摸，十分惊讶地说："您脚底的老茧好厚呀！"原一平说："因为我走的路比别人多，跑得比别人勤。"

李嘉诚讲完故事后，微笑着说："我没有资格让你来摸我的脚板，但可以告诉你，我脚底的老茧也很厚。"

李嘉诚讲的这个故事，给我们这样的启示：人生中任何一种成功都不是唾手可得的，不能吃苦、不肯吃苦，是不可能获得任何成功的。

李嘉诚说："别人做 8 个小时，我就做 16 个小时，开始别无他法，只能以勤补拙。"

在李嘉诚开始创办工厂时，他所保持的依旧是做推销员时的老作风——"行街仔"：风风火火、雷厉风行。李嘉诚每天大清晨就外出推销或采购，赶到办事的地方，别人正好上班。他从不打的，距离远的就乘巴士去，近的就用双脚行走。

李嘉诚深知创业之初，最值得信赖的是自己的肯于吃苦，因为这时候，除了依靠自己外，没有多少人可以依靠。身为老板，各种杂事千头万绪，操作工、技师、设计师、推销员、采购员、会计师、出纳员的工作他都一手包揽，总之什么事都要靠他一手操持。李嘉诚的性情，是那种温和持稳、不急不躁之人，他行走起来却快步如风。如今李嘉诚年近 90，仍保持疾步的习惯。

李嘉诚的成功没有捷径可循，也没有侥幸可言，全部都是他勤奋、努力拼搏，用智慧和汗水一点一点换来的。

正如李嘉诚所说："今天在竞争激烈的世界中，你付出多一点，便可赢多一点。好像奥运会一样，如果跑短途赛，虽然是跑第一的那个赢了，但比第二、第三的只胜出少许。只要快一点，便是赢。"

当然，勤劳不仅仅意味着要埋头苦干，还要能够深入其中，不要浅尝辄止。业精于勤荒于嬉，勤奋是成功的阶梯，没有勤奋做基础累积起来的财富是无法长存的，因为没有经历过艰苦的奋斗，人就不会懂得成功的来之不易，就很容易滋生骄奢淫逸的坏习气。如果再没有经营财富的能力和本领，无法利用现有的基础创造更多的价值，那再多的财富也会很快流失掉。只有在珍惜现有财富的基础上，并一如既往地保持艰苦奋斗的作风，你才能取得事业的步步攀升。

大处着眼，小处着手

"微观与宏观，就我个人的经验来讲，做生意的时候，做决定应付一件大的事业的时候，你一定要宏观。你要看看你的业务在今天、在未来的潜力怎么样，竞争对手是怎么样。然后你决定是不是一定要去做。但是每天做的事，你一定要微观，就是非常仔细地看看你做的事有什么问题、世界有什么新的变化。因为世界有什么变化，你比如平常这个行业是非常好的，今天也是非常好，因为你老早都知道它是好的，但是人家就偏爱这边一点点、那边一点点，那么你就需要一个度数，360 度之中可能你在某一条就需要微调一两度，那么这个就是微观。

"就我自己来讲，做什么业务都要从大处着眼，从小处着手。世界都是这样。价廉物美，物超所值，就是说你做什么事都希望你的是最好的、超值的，但是你的成本是非常低的。这样，你就会成功。这是我个人的看法。"

李嘉诚如是说。

进入 20 世纪 90 年代后，畅饮了零售业头啖汤的李嘉诚将眼光投注到内地正处于襁褓期的地产业之上。

1992 年 6 月，北京市政府放出风声，表示可以考虑与外商合作王府井旧城区改造工程。一时间，香港各大财团蜂拥而至，试图分得一杯羹。

李嘉诚和马来西亚首富郭鹤年与北京市政府迅速签署意向书。签约双方一方是香港嘉里发展公司，另一方是北京东城区房地产公司。双方签署的意向书中并未涉及该项目的地价、投资金额、工期、物业规划等内容，可见合作意向是在匆忙中敲定的，细节有待以后再谈判。李嘉诚正是在1992年通过长安街王府井东方广场项目高调杀入内地地产界，当时正是邓小平南方谈话的影响力最深的年份。

据《新民晚报》记载："香港是地贵楼贱，内地则相反，据传闻，地价不到2亿元。最头痛的应属迁徙原有居民与商家。李嘉诚把这道难题交有关方面做，长实以负担地价和搬迁费为交换条件，由有关方面出面负责原住户和业主搬迁。拆迁势如破竹，岂料斜刺里冒出个钉子户，公然与北京市政府对抗，此乃全球最大最著名的快餐集团麦当劳。王府井分店是该集团最大的一家，两层楼面合2600平方米，700余个座位，每天平均有1万人光顾。在开业之初，排队长龙竟有几里之遥，实为全球罕见，其赢利之丰，自不待言。麦当劳自然不愿把这株摇钱树从聚宝盆里连根拔起，扬言要与市府对簿公堂。李嘉诚一直以和为贵，与北京市政府协商，表示只要麦当劳答应迁出王府井，日后东方广场将留下一个比现在面积更大的铺位给予麦当劳。北京市政府重新与麦当劳谈判，提出更优厚的条件，批准麦当劳在北京多开若干分店。条件如此优厚，麦当劳表示同意搬迁。"

这块地似乎已成了李家大院的池中之物了。然而，形势却在时刻变化着。

自1992年开始，全国房地产价格放开，大量政府审批权力下放，金融机构开始发放房地产开发贷款,"房地产热"开始酝酿。在地产热度不断升温之下,新生的混乱也毫无保留地开始体现在地产业。

1993 年,因经济发展过热,中共中央政府决定加强宏观调控,压缩基本建设规模。面对艰难的谈判,郭鹤年知难而退。然而李嘉诚凭借着其过人的谈判智慧,使得该项目于 1993 年间就全部获得市政府的批准。该建筑被正式定名为东方广场。

李嘉诚最初向北京市政府提出这项投资时,很多官员都表示赞成,因为广场的兴建对北京的长远发展有利。计划中的物业规模庞大,也是中国建筑物历史中的创举,足令所有中国人自豪。

原以为一切都可照计划进行,谁知遇上重重波折,工程被迫一拖再拖。由于兴建工程延误,促使投资额不断上升,成为国内外关注的焦点。

李嘉诚投资在北京王府井地盘上修建的东方广场,计划中的高度为 70 米。在这么高的建筑上,不仅可以俯视故宫,还能将中南海的全景尽收眼底。对于李嘉诚来说,这个高度根本算不了什么,因为在香港低于 100 米的建筑都不能称作摩天大厦;但问题在于东方广场是修建在北京而不是香港,早在王府井旧城改造计划出炉之初,就有很多市民对此议论纷纷。大家都很担心,这么庞大的现代建筑会破坏北京人文景观和历史特色。

因此,计划中的东方广场,总面积约 6.5 万平方米,占地 12 万平方米,楼层总面积为 25 万平方米,原定工期 4 年,于 1997 年完工。看来这个计划是实现不了了。

国务院批复的《北京城市总体规划》中明确规定:"长安街、前门大街西侧和二环路内侧及部分干道的沿街地段,允许建部分高层建筑,建筑高度一般控制在 30 米以下,个别地区控制在 45 米以下。"

　　然而，东方广场大厦在"30米以下"的建筑高度区内，却拟建70余米高，显然不符合要求。

　　除此以外，东方广场的土地面积比率超出城市规划要求的7倍，所以这幢大厦不仅是过高了，而且过大了。

　　为此，专家们大声疾呼，联名上书中央要求依法调整东方广场工程方案。

　　由于各方面的原因，东方广场于1995年新年过后被勒令停工。

　　李嘉诚明白，在大是大非的原则性问题上，中国政府是不会做出半点让步的。但他又知道，在不违背原则的前提下，又不是不可变通的。于是，长实主动与北京有关部门协商修改方案，使项目不致胎死腹中。尽管这样会使东方广场计划遭受一点损失，但绝对不会亏本，只不过是少赚一点罢了。

　　1996年底，在李嘉诚的努力斡旋下，停工达一年的东方广场工程出现了转机。工程方案得到了国务院的批准。因地制宜，正是港商一直以来的成功之道。对于如何平衡社会责任与获取商业利益，李嘉诚表示："正正当当做一个商人是不容易的，因为竞争越来越大。如果个人没有原则，从一个不正当的途径去发展，有的时候你可以侥幸赚一笔大钱，但是来得容易，去得也容易，同时后患无穷。"

　　李嘉诚表示，"知止"非常重要。

　　其实，李嘉诚早就对此胸有成竹，他分析过：香港和内地的土地价格有着天壤之别，香港地价极高，最高的地价与房价相比是10:1，而在内地这个比例则要倒过来算。

　　在建北京东方广场的时候，李嘉诚甚至对建东方广场的每一块大理石都亲自过问。有媒体问："对于你管理的这么一个大型企业，在 52 个国家有 20 多万员工，你又是从最底层开始创业的，那么在这个过程中间，你是怎么样处理微观和宏观、细节和大局这样一个关系的呢？"李嘉诚表示："我们在地产方面的发展，以金钱来算，东方广场不算最大，还有很多比它大。从来都是我的同事负责，去看过地盘，有很多比东方广场的投资数字更大的，我从来都还没有去看过，从开始到完工我都没有去看过。当然，我每个礼拜都跟他们（负责东方广场项目的人员）开会。

"东方广场为什么我这么留意啦？第一个原因：东方广场这个规模在亚洲可以说是最大的。它有 70 万平方米，不计算停车场等在内，加上的话差不多达到 80 万平方米。这在世界来讲都是一个大的 Project（项目）。因此受到广泛关注。另外，自己是中国人，也是自己最宏大的建筑，所以我联合其他合作伙伴，一定要把它做好。第二个原因：quality control（质量控制）。你可以看到，很多大厦它说左边跟右边的是同一样颜色的，但是，你自己亲眼看看，两个颜色是不同的，这些情况都有。但是东方广场我们是从开矿开始，我自己就当 Project Designer（项目设计师），当它建好之后我就让其他同志去负责了。我们这个项目采用的大理石应该是同一颜色的。大理石从开矿开始我们就在那边注意和挑选，一定要全部统一的颜色。我们有标准的颜色，一定要百分之一百一样才可以运到这个工地来。工地还要监工，我不是天天去监工，我只是突击检查。有一天，我坐在东方广场的对面两三个小时，一动不动，就用望远镜来看整个大厦，结果我是满意的。但是对于东方广场，是感情多于这个商业的。所以我就觉得，除了赚钱之外，人是要有气质的。气质也可以说是中国人讲的'顶天立地'。"

　　东方广场一波三折，几起几伏，但总算大功告成了。1999 年国庆五十周年前夕，东方广场宣告全部竣工。东方广场隆重向共和国献礼开业。整个项目包括酒店、写字楼、商务公寓及商场等。

延伸
阅读

对成功的欲望大于对失败的恐惧

我 1928 年在潮安出生，如果你认为今天的汕头还不算很先进，那么 84 年前潮安县的景象就更加可想而知。在家乡这 12 年，我有太多甜酸苦辣的回忆。

还记得我 6 岁那年的夏天，晚饭后一家人陪伴祖母在家里的小院子纳凉聊天，叔叔告诉我们城中的老板如何富有，人们估计他有 20 万枚龙银（以古董价计算，今天约值人民币 3 亿元）的总资产，祖母低沉地自说："不知我们哪一代的子孙，才可能像别人那样。"一个老百姓期求安逸的平常盼望。

我心爱的祖母早已离世，长埋在她最爱的韩江岸旁，78 年过去，我也曾在扫墓时倚在祖母的墓前，低声地向她说："我们已经做到了。"

如果你认为一个失去求学机会，没有任何资源，穷得只剩下希望的小伙子对"命运"巨磨从未惧怕，那我要告诉你事实并非如此。对贫穷的人，忧虑是一个体验至深的折磨。

也许你们都听过我如何挣扎求存，奋抗命运变幻无常的故事，但你们可能不知道，我在你们同龄的时候，多次拒绝放弃理想以换取"无发展空间"的眼前安逸，我一直深信，如果世界上有任何"成功秘方"，其中最关键的元素必定是你对成功的欲望远远大于对失败的恐惧。这心态像是刀锋，锐化你对什么是"可能的"触觉和激发你的梦想；这心态像是预警系统，令你对自满情绪和停滞时刻警惕，令你审慎律己、敢爱、敢说实话、敢当万绿丛中那点红。

当你在我的年龄，你不会想带着后悔和遗憾地感慨，曾经是开朗、热情、自信的你，却选择无梦和无理想地过了一辈子，你曾经是正直无畏，真诚和至诚，烙印在你那颗赤子心上，但面对生活冷酷的考验，你选择放弃原则和目标，在道德路上迷失了你的灵魂、你的谦卑和爱贡献的心。

各位亲爱的同学，人生命运必然是你一生做出选择的总结，懂得如何选择和承担后果是谱写自己命运的入门法。

爱因斯坦在普林斯顿大学的办公室门上挂着这句话："不是所有可以算的东西都是重要的，也不是所有重要的东西都可以被计算。"

那你问我当年订立的目标是什么？我的答案你们早就知道："建立自我，追求无我"，希望你们与命运也许下承诺，凭仗智慧和勇气，实现你的梦想及贡献我们心爱的祖国大地和我们彼此共存的世界。我再次向你们表达衷心的祝贺，今天你以汕大为荣，明天汕大将以你为荣。

谢谢大家。

（本文摘编自李嘉诚出席汕头大学2012届毕业典礼上的演讲）

第五章

伟大者在于管理自己
——李嘉诚谈自我管理

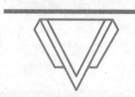

● 财富的根基 ●

李嘉诚给年轻人的 10 堂人生智慧课

"修己"是管理者首要任务

中国式管理强调管理是"修己",李嘉诚认同"修己"是管理者的首要任务。李嘉诚说,要成为好的管理者,首要的任务是自我管理,在变化万千的世界中,发现自己是谁,了解自己要成为什么模样的人,建立个人尊严。

李嘉诚所说的自我管理,就是中国式管理所说的"修己"。李嘉诚指出,作为一个管理者,要善于自我管理。最初,李嘉诚认为自我管理实质上是一种静态管理,这种管理是培养理性力量的基本功,是人把知识和经验转变为能力的催化剂。

李嘉诚说道:"在我看来,想当好的管理者,首要任务是知道自我管理是一项重大责任,在流动与变化万千的世界中,发现自己是谁,了解自己要成什么模样是建立尊严的基础。儒家之修身、反求诸己、不欺暗室的原则,西方之宗教教律,围绕这题目落墨很多,到书店、在网上自我增值的书和秘诀数不胜数。我认为自我管理是一种静态管理,是培养理性力量的基本功,是人把知识和经验转变为能力的催化剂。这'化学反应'由一系列的问题开始,人生在不同的阶段中,要经常反思自问,我有什么心愿?我有宏伟的梦想,我懂不懂得什么是节制的热情？我有拼战命运的决心，我有没有面对恐惧的勇气？我有信息有机会，有没有实用智慧的心思？我自信能力天赋过人，有没有面对顺流逆流时懂得恰如其分处理的心力？"

李嘉诚认为思索是上天恩赐给人类捍卫命运的盾牌，很多人总是把不当的自我管理与交厄运混为一谈，这是一种不负责任的人生态度。在他很小的时候，就已经知道了这个道理，那时，他对自我管理的方法很简单，他曾说："14 岁，当我还是个穷小子的时候，我对自己的管理方法很简单：我必须赚取足够一家人存活的费用。我一方面紧守角色，虽然当时只是小工，但我坚持把每样交托给我的事做得妥当、出色；一方面绝不浪费时间，把剩下来的每一分钱都用来购买实用的旧书籍。"

万科集团董事长王石的自我管理特别出名。万通董事长冯仑曾在其著作中这样写道："他对自己非常负责任，时时管理自己。普通人这么也行那么也行，王石却是说不做什么就是不做什么，所以万科能做好。多数公司领导者说不做，遇到便宜就会动心。一次三九老板赵新先介绍很大一块地给万科做别墅，对王石说：'地白使，你做，做完然后分钱，不要地钱。'王石看完说：'我不做，因为万科没做过别墅，不擅长。'万科只擅长中产阶级的郊区别墅，他情愿介绍别人做。"

"所以管理自己也就是自律，是一种重要的品质。很多企业的领导者之所以失败，大多因为放纵自己，放纵自己的欲望，比如战略上多样化，组织系统和人脉也管理不好。在王石的公司，朋友、战友一个没有。他坚持原则到什么程度——曾经有一个原来一起做生意的朋友，在北京拿了个批文，要王石做，但是王石已经决定公司不做这种业务了，这个人还是来了，都是男子汉，都是'老江湖'，最后竟然给王石跪下，说就这么一次，王石还是坚决不做，后来这个人真跟他翻脸了。所以据我观察，伟大就是管理自己。过去，我们老以为伟大是领导别人，这实际是错的。当你不能管理自己的时候，你便失去了所有领导别人的资格和能力。"

"对自己节俭，对别人慷慨"

三国时诸葛亮曾在《诫子书》中说过："静以修身，俭以养德。"这正体现出节俭对于提高自身道德修养的重要作用。明朝朱柏庐曾在《朱子治家格言》里写道："一粥一饭，当思来处不易；半丝半缕，恒念物力维艰。"事实上，自古以来，凡品德高尚者，大都注意勤俭节约。

众所周知，香港首富李嘉诚、"台塑大王"王永庆、美国投资家巴菲特、松下创始人松下幸之助，这些企业家的勤俭让世人称道，他们也获得了别人难以企及的成功。

早在 1939 年，为逃避日军的战火，李嘉诚随父亲（李云经）到香港谋生。那一年，李嘉诚只有 12 岁。然而不幸的是，他的父亲在到港的三年后罹患肺病去世，李嘉诚一家的生活更加穷困潦倒。在最艰难的这段岁月里，善良贤惠的母亲含辛茹苦操持家务，生活上异常节俭，不管在什么地方能省就省。直到现在，李嘉诚还经常会深情地回忆起当年："在昏黄的灯光下，母亲一边为儿女缝补衣服，一边教育兄妹几个要养成节俭习惯时的情景。"

香港某报曾有如下评价："李嘉诚发迹的经过，其实是一个典型青年奋斗成功的励志式故事。一个年轻小伙子，赤手空拳，凭着一股干劲儿勤俭好学，刻苦而劳，创立出自己的事业王国。"这一切，李嘉诚做到了，并谦虚地将这一切归功于他的母亲。他总是对别人说："我之所以能拿出一笔钱创业，是母亲勤俭节省的结果。我每赚一笔钱，除日常必用的那部分，全部交给母亲，是母亲精打细算才维持了全家的生活。我能够顺利创业，首先得感谢母亲，其次要感谢那些帮助过我的人。"

诚然，李嘉诚今天的巨大财富，并不是只凭借着他节俭的精神积攒起来的，但正因为明白"不积跬步，无以至千里；不积小流，无以成江河"的道理，所以，对李嘉诚的成功来说，承继母亲的持家之道——节俭，同样是功不可没。

2006 年度美国《福布斯》中国 500 富豪排行榜上，李嘉诚以 1580 亿元人民币排名第 1 位。但其还是和几十年前一样节俭。在接受香港媒体采访时李嘉诚说："就我个人来说，衣食住行都非常俭朴、简单，跟三四十年前根本就是一样，没有什么分别。例如，衣服和鞋子是什么牌子，我从不怎么讲究，一套西装穿十年八年是很平常的事。我的皮鞋 10 双，有 5 双是旧的。皮鞋坏了，扔掉太可惜，补好了照样可以穿。我手上戴的手表也是普通的，已经用了好多年。"

李嘉诚住的房子，仍是 1962 年结婚前购置的深水湾独立洋房，三十多年一如既往。作为香港首富，他并没有住进顶尖级的豪宅区；李嘉诚有两艘游艇，已用了多年，现在已算不得豪华；最有目共睹的是李嘉诚的衣着：他常穿黑色西服，不算名牌，也比较陈旧。

李嘉诚在公司，与职员一样吃工作餐，他去巡察工地，工人吃的盒饭，他照样吃得津津有味；李嘉诚不抽烟，不喝酒，也极少跳舞，唯一的嗜好，是打高尔夫球。

节俭是一种美德，古今中外的杰出人士莫不提倡，简朴的生活让人远离物欲的侵扰，过一种更为纯粹的生活。著名作家大仲马说："节约是穷人的财富，富人的智慧。"还是一句话说得好，"节约本身就是一个大财源。"

虽为华人首富，但李嘉诚却过着清教徒般的生活。

"他 12 岁就逃出来，一路上都是一个人在奋斗，他老和我们讲自己缝衣服，到现在依然如此。"一位下属表示，李嘉诚的袜子都是不能见人的，因为他自己缝补了好多次。

李嘉诚鼻梁上的黑框眼镜，打从 1972 年长江实业上市记者会开始，就再也没有变过。手上的手表，也总是同一块，直到在一次旅行中看到一款西铁城的太阳能手表，他非常喜欢，才很大方地跟售货员说："你不用给我打折啦。"这款手表的售价是 3000 港币。

节俭作为中华民族的优良传统，任何人拥有这样的良好品格都是很正常的事情，但是对李嘉诚来说难能可贵的是，当他成为全球华人首富，资产要以亿为单位来计算的时候，他仍然能不改初衷，将节俭的好习惯一直保持下来。

李嘉诚虽对自己节俭，但做起慈善事业来，却很大方。李嘉诚把自己三分之一的财产拨作公益事业，每日都捐出几百万港元。

李嘉诚认为，他事业有成的真正原因是"懂得做人的道理"，他曾不止一次对亲友面授机宜："要想在商业上取得成功，首先要懂得做人的道理，因为世情才是大学问。世界上每个人都精明，要令人家信服并喜欢和你交往，那才是最重要的。"

有一次取汽车钥匙的时候，李嘉诚不小心将一枚两元的硬币丢了，硬币滚到汽车底下。当时，他估计如果汽车开走，硬币就会掉进沟渠里无法取出，于是他就蹲下去准备捡拾。这时，正好旁边一位印度保安员看到这一幕，立刻上前帮李嘉诚把硬币捡了起来。李嘉诚取回硬币，然后给了他100元作为酬谢。李嘉诚对此的解释是："若我不拾该2元，让它滚到坑渠，该2元便会在世上消失。而100元给了值班，值班便可将之用去。我觉得钱可以用，但不可以浪费。"

2001年，在青海考察时，青海大学负责人谈到校园网络建设需要资金800万元，李嘉诚详细询问起光纤的铺设等情况，还没等校方介绍完，他便抓起桌前的矿泉水瓶走上前台，指着手中的水瓶说，本来生产这瓶水需要8万，但在申请资金时却说需要10万，那么多余2万就是浪费，办多少事就该花多少钱。然后，他对青海省省长说："要我马上拿出1个亿，我面不改色，但谁要在地下丢1元钱，我会立刻捡起来的。"

后来，在听取青海省政府介绍的几个项目时，李嘉诚再次举起桌前的矿泉水说："这个水瓶的厚度已完全够用，那么我们为什么还花钱把它再加厚呢！"

通过这个事例，可以看到李嘉诚对自己的节俭以及对别人的慷慨：这就是他的成功之道。

李嘉诚除了自己节俭外，他对自己的子女也是严格要求的。他曾说："不管你拥有多少家产，对子女应该培养他们独立自强的能力，特别是不能让他们养成娇生惯养、任意挥霍的生活习惯。"

李嘉诚的住宅里没有游泳池，他的两个儿子在上学时只有有限的零用钱。多年来，他一直自掏腰包支付各董事的薪金；从公司收取的酬金，不论多少，全部拨归公司；他在公司里不领薪水，每年只拿 600 多美元的董事费，没有其他福利津贴，所有私人用品，甚至午餐也从不开公账。

李嘉诚为公益事业一掷千金，但是他的个人生活却是如此俭朴，确实令人深思。

中华民族古有训诫：成由节俭败由奢。勤俭是中华民族的传统美德，勤俭可以积沙成塔，集腋成裘。

诚然，李嘉诚的财富并不是单靠节俭积攒而来，更多的是靠诚实经商赚来的，但我们仍然不能排除节俭在财富积累上的重要地位。

李嘉诚淡淡地说："我不相信什么龙命，也不知道什么叫大富大贵，却相信了只要能勤劳肯干，坚持不懈，定有所成。如果说从我 14 岁开始做推销员，为养家糊口，不得不如此而已，那已经是亿万身家的我完全没有必要再过简单的生活。但我之所以选择三十年如一日的生活，是因为生活俭朴便是最理想的生活状态。赚钱本身不是一种目的，而是实现人生价值、挑战自我的手段，所以无论我有多少财富，我的生活享受，与三十年前无异。"

李嘉诚的节俭，是有他自己特殊意义的。他曾经说过："节俭只是对自己，不是对别人吝啬。"

将这两个概念区别开来，是很有必要的，因为这一点更能体现一个人的品质。

在看惯众多富豪明星及所谓"成功人士"挥金如土的今天，李嘉诚的朴实节俭显得很"另类"，但却是值得所有人学习的榜样。

从 30 岁起，李嘉诚就再没算过自己的财富。"1957、1958 年初次赚到很多钱，人生是否有钱便真的会快乐？那时候开始感到迷惘，觉得不一定。后来终于想通了，事业上应该多赚钱，有机会便用钱，这样一生赚钱才有意义。当我最初打工的时候，我有很大的压力。打工的时候，尤其是最初一两年，要求知，又要交学费，自己俭朴到不得了，还要供弟妹读中小学以至大学，颇为辛苦。开始做生意的最初几年，只有极少的资金，的确要面对很多问题，很多艰辛。但慢慢地，你想通了，以这样的勤力，肯去求知，肯常常去想创新的意念，悭俭自己，对人慷慨。交朋友，有义气，又肯帮人。自己做得到的，尽力去做。如果从这条路走，迟早一定有某一程度的成就，应该生活无忧。当生意更上一层楼的时候，绝不贪心，更不会贪得无厌。"

想要最好，给你最痛

李嘉诚说："这世界很公平，你想要最好，就一定会给你最痛。能闯过去，你就是赢家，闯不过去，那就乖乖做普通人。所谓成功，并不是看你有多聪明，也不是出卖自己，而是看你能否笑着渡过难关。"

与李嘉诚在一起的时间，你很少能感觉到本应属于华人首富的巨大自我。他的言语、目光和笑容，都不免让人产生疑问：早年经受的战乱、苦难，以及随后将近70年的辛苦工作，这些负面影响究竟是被一种怎样的力量化解，而没有让他成为一个性格极端的人？

是命运？——在很多场合，李嘉诚都会提到自己的一生"蒙上天眷顾"。

但李嘉诚回答说："性格才是命运的决定因素。好像一条船，船身很重要，因为机器及其他设备都是依附在这条船里面。"

很长时间以来，因为李嘉诚的被神化，他的性格都为外界所忽视。李嘉诚是一个性情急躁还是温和的人？他可曾有脆弱或失去自控的时候？

如果过往的经历可以呈现出李嘉诚的部分性格，那至少可以说明两点：他随时准备自己应付挑战，同时，乐于在高度自控下获得内心自由。关于后者，一个最恰当的阐释是他自身的体验：在参与地皮招标时，他会不停地、很快地举手出价，但当价钱超过市场的规律，他左手想举起时，右手便立即"制止"左手。

很早年时，李嘉诚就证明了，他从来不惮于改变自己，并永远清楚什么时候该挑战下一级台阶。

在其记忆中，第一次强烈的自我改变发生在 10 岁时。那一年，李嘉诚升入初中，在没有任何人的提醒下，他突然意识到自己对家庭的责任。这让他一改往日的贪玩，开始发奋，每晚主动背书、默写。这种一夜之间的改变甚至曾令其父不解。

12 岁时，因为父亲患肺病，李嘉诚去阅读相关书籍，希望找到救治方法，反而发现自己有着得肺病的一切症状。当时，他不仅需要负担其家族的经济，还需疗养肺病。但那时他已经深知个人角色管理的方法：没有太多选择，除了需将工作处理妥当，还攒钱买下旧书自修。今日回想起，他仍承认，这是一生最困难的阶段。

早年的经历不仅将李嘉城塑造成一个勤奋的推销员，更养成其对于生活细节毫不讲究的习惯：多年之后，李嘉诚有一晚下班较晚，到家后拿起桌子上的饭就吃，虽然感觉味道有些臭，却未作声张地吃下了两碗——饭后问明，原来这是两碗给狗准备的饭。

但到 22 岁创立公司时，李嘉诚很容易就完成了一次质变：他告诉自己，光凭能忍、任劳任怨的毅力已经不够。新的挑战是：在没有找到成功的方程式前，如何让一个组织减少犯错、失败的可能？

或许就其本质而言，李嘉诚的全部独特之处，正系于其永远懂得把握角色变更的时机和方法。在一次演讲中，他谈及个人管理的艺术，就是应在人生不同的阶段不停反思自问："我有什么心愿？我有宏伟的梦想，我懂不懂得什么是节制的热情？我有拼战命运的决心，我有没有面对恐惧的勇气？我有资讯有机会，有没有实用智慧的心思？我自信能力天赋过人，有没有面对顺流逆流时懂得恰如其分处理的心力？"

而其一生中最大的一个疑问是：富有后，感觉不到快乐又如何？

29 岁的一个晚上，李嘉诚坐在露天的石头上回顾自己过去的 7 年：从 22 岁创业，到 27、28 岁"像火箭上升一样积攒财富"，他在当时已经知道，自己将成为富有人士。但他并不知道，内心的富贵由何而来？

那几年间，他正开始在意自己的衣着、手表，研究玉器。但在那一晚，他意识到：更重要的是自己内心知足，有正确的人生观，而在工作上得到的金钱除了足够家人生活使用外，其他的钱有正确用途，能在教育医疗方面帮助别人，生活虽然朴素，亦能令自己感到非常快乐。

1980 年起，李嘉诚决定设立个人基金会，其宗旨是"通过教育令能力增值以及通过医疗及相关项目建立一个关怀的社会"，并希望"在我离开这个世界后做的事，一定要比我在世时做的只多不少"。[1]

---

[1] 张亮. 你所不知道的李嘉诚：神话与误读背后 [J]. 环球企业家，2006.

严于律己、谦虚做人

某个政党有位刚刚崭露头角的候选人，被人引荐到一位资深的政界要人那里，希望这位政界要人能告诉他一些政治上取得成功的经验，以及如何获得选票。

但这位政界要人提出了一个条件，他说："你每次打断我的说话，就得付 5 美元。"

候选人说："好的，没问题。"

"那什么时候开始？"政客问道。

"现在，马上可以开始。"

"很好。第一条是，对你听到的对自己的诋毁或者污蔑，一定不要感到愤怒。随时都要注意这一点。"

"噢，我能做到。不管人们说我什么，我都不会生气。我对别人的话毫不在意。"

"很好，这是我经验的第一条。但是，坦白地说，我是不愿意你这样一个不道德的流氓当选的……"

"先生，你怎么能……"

"请付 5 美元。"

"哦！啊！这只是一个教训，对不对？"

"哦，是的，这是一个教训。但是，实际上也是我的看法……"资深政客轻蔑地说。

"你怎么能这么说……"新人似乎要发怒了。

"请付5美元。"

"哦！啊！"他气急败坏地说，"这又是一个教训。你的10美元赚得也太容易了。"

"没错，10美元。你是否先付清钱，然后我们再继续谈？因为，谁都知道，你有不讲信用和喜欢赖账的'美名'……"

"你这个可恶的家伙！"年轻人发怒了。

"请付5美元。"

"啊！又一个教训。噢，我最好试着控制自己的脾气。"

"好，收回前面的话。当然，我的意思并不是这样，我认为你是一个值得尊敬的人物，因为考虑到你低贱的家庭出身，又有那样一个声名狼藉的父亲……"

"你才是个声名狼藉的恶棍！"

"请付5美元。"

这是这个年轻人学会自我克制的第一课，他为此付出了高昂的学费。

然后，那个政界要人说："现在，就不是5美元的问题了。你要记住，你每发一次火或者对自己所受的侮辱而生气时，至少会因此而失去一张选票。对你来说，选票可比银行的钞票值钱得多。"

李嘉诚一生中无时无刻不在稳定自我，调节自己的情绪，善于集中精力不受他人干扰，也因此，李嘉诚赢得了他周围人的深切好感。

严于律己、谦虚做人是李嘉诚为人处世的一贯原则。他不但严格要求自己，而且用自己的态度和高尚的品德，熏陶和教育他的儿子和他身边担任重要职位的有才之士。

李嘉诚几乎从不生气，见到所有人，都是一副标准的笑脸。

熟悉李嘉诚的人，也常说他们看不懂他。

"他真的没有生气过吗？他会因为什么事情而难过？他发过火吗？"几位跟了李嘉诚十年以上的下属一脸迷茫，想了很久，他们实在回忆不起是否有过这样的场景。

当你问起李嘉诚强势的一面时，其中一位跟了李二十余年的高层反问：强势怎么定义？

在她这么多年的印象中，李嘉诚决断非常之快，但并不是个咄咄逼人的人，他很会倾听下属的意见，"如果你是对的，他会听你的，而不是坚持他的"。

在生活中，李嘉诚时常表现出单纯快乐的一面。走在香港的大街上，李嘉诚就变成了一个念旧好玩的老头，总是和身边的人说，这里原来是啥样的。

李嘉诚还每周为儿孙们亲任导师，自己准备课程、案例。据一位接近李嘉诚的下属透露，3年来，他给孙辈们上的课，既有道德讨论，也有文化批评、世界经济。孙子、孙女年纪都很小，要演绎生动，难度很高，但李嘉诚却乐此不疲。

为了告诉孙儿们风险是怎么回事，李嘉诚甚至还专门花了8000美元，去印出了四张AIG股票。他把这张股票裱起来，标注了这个世界上最大的保险公司在金融危机中破产的故事，并且写上"以此为鉴，可惕未来"。有趣的是，这时候他的孙儿们还不过几岁。

李嘉诚喜欢看电影，而且，看电影时，他的"代入感"很强，每次都会选择一个自己喜欢的角色，然后随着剧情起伏，"过他们的生活"。

李嘉诚其实是个感情很丰富的人，但他与众不同之处在于，他很懂得控制自己的情感。

一位跟了李嘉诚十几年的下属将这种控制情感的能力归结到李嘉诚少年的成长经历上。

李嘉诚出身于书香门第，爷爷是清朝最后一届科举秀才，两位伯父在民国初年，还曾跨海留洋取得日本东京帝国大学博士学位。而李嘉诚的父亲，则是小学校长。但因为"二战"爆发，故乡潮州被日本侵袭，李和家人逃难到香港。

没想到，1941年日本攻占香港，母亲只好带着弟妹回老家。更没想到，贫困抑郁的父亲染上肺结核，半年之后就去世了。14岁的李嘉诚，独自面对父亲的死亡与埋葬，"一夕长大"。

更祸不单行的是，年少的李嘉诚也染上了肺结核。

"这是我一生中最艰难的时刻。"李嘉诚回忆说，"我告诉自己不能死，身为大儿子，为了母亲和弟妹，为了前途，一定要做好自己的工作。"

没有钱去看病，李嘉诚便只能用自己发明的方法对付肺病，清晨到山顶呼吸新鲜空气，李嘉诚替厨师写家信，以交换鱼汁与鱼杂汤，强迫自己喝下这平日最讨厌的食物，只因知道这些汤有营养价值……

一位采访过李嘉诚的记者写道：李嘉诚的心胸之大——收购和记黄埔此等之事一直秘不外宣，甚至自己的老婆也不知道，一切都自己心算——是撑出来的：丧父、养家、肺病、贫穷……当一个人在自己15岁左右经历这一切挑战而没有被打垮，他就没有什么是不能承受的了。[1]

---

[1] 陈新焱. 李嘉诚：孤独是他的能量 [N]. 南方周末，2013.

延伸
阅读

把愤怒转为对自己更高的要求

最近，我因为急性胆囊炎，进行了手术，我已完全康复，依然积极向前。

在医院期间，我静静思考，世界改变的步伐不断加快，虽然过往经验是人生无价之宝，但传统应对困难与挑战的智慧和观点，今天是否依然适用？古书古语，劝人苦心志、劳筋骨、坚毅奋斗，这些励志的话语，是否足够提升我们的韧力？如何迎战改变，是世界上每一个人要思考的问题。

很多道理，说者容易，听者难。血肉之躯，在人生中波涛翻滚，个中的滋味，你能体会？你愿意替代尝尝吗？你关心社会上的困难境况吗？你懂得体谅无助无奈者的叹息吗？或者你是那些曲尽心思，有万万千千借口的人，只会说："不公义与不公平是人生必然之理"或"对不起，我不能施以援手。何为富？何为贫？我自己也是受害者"。

也许，你们这一代，面对最大的挑战，是社会不平等的恶化。解决此问题的方案，将主导社会未来的改变。需要每个人和政府，积极、主动地克服这挑战。每人有不同的能力和道德标准，恻隐足以为仁，但仁不止于恻隐。有能力的人，要主动积极，推进社会的幸福、改善和进步，这是我们的任务。不仅是对社会的投资，帮助和激励别人同时能丰盛自己的人生。

　　政府要鼓舞民志，要在发展企业精神、创造机会的大前提下，制定和推行明智知远兼正当有效的政策。政府要鼓舞民智，要投放更多的资源，在教育范畴推动更大的改革。教育是防范社会出现持续不公平现象的可靠卫士。今天在逆境中奋斗的人，不要让内心的愤怒燃烧，而影响你解决问题的能力。

　　在医院期间，我非常感激医生与护士们专业和悉心的照顾，手术的伤口没有任何痛楚，凄楚的是心上的回忆。这个小指头是我第一个疤痕。这疤痕是我14岁的时候，愤怒的印记。那年，一个寒风透骨的冬天下午，我单独在舞台外，忙了一整天，要把堆得高高的皮带切割，为明天生产工序做好准备。从窗框中，看见高层他们，坐在暖暖的室内，悠闲地品茗。我默然感到很孤独、很怨愤，我错手割伤自己，深可见骨，我还记得血从伤口由红变黑，当时心中只有一个念头——自己一定不再成为那可怜的人。

　　我知道，只有怨愤而欠缺思维，只会令你更软弱、更惶恐，使你付出更大的代价和承受更大痛苦。我要把愤怒转为对自己更高的要求和更专注解决问题的动力。只有能面对现实的人才可征服现实，只有更加勤奋，更具观察力和韧力的人，才可改变困境，创造机会和缔造希望。

　　各位同学，在过去数十年，别人给我的昵称是"华人首富"，这是一个很复杂的滋味。我的一生充满了竞争与挑战，历程是好不容易的。常常要有智慧、要有远见、要有创新，怎不令人身心劳累，四方风风雨雨中，我还是不断在学习笑对人生，作为一个人、一个爱自己民族的中国人、一个企业家，我不断在各种责任矛盾中，尽了一切所能服务社会。

（本文摘编自李嘉诚于汕头大学毕业典礼十周年上的演讲）

第六章

成功因为勤力、节俭、有毅力
——李嘉诚谈勤奋

财富的根基

李嘉诚给年轻人的 10 堂人生智慧课

"抢学问"：终生的资产

有记者问李嘉诚："今天你拥有如此巨大的商业王国，靠的是什么？"李嘉诚回答："依靠知识。"有人问李嘉诚："李先生，你成功靠什么？"李嘉诚毫不犹豫地回答："靠学习，不断地学习。"

是的，"不断地学习"就是李嘉诚取得巨大成功的奥秘。在60多年的从商生涯中，李嘉诚一如既往地保持着旺盛的求知欲望。他每天晚上睡觉前，都要看半个小时的书或杂志，学习知识、了解行情、掌握信息。李嘉诚说道："科技世界深如海，正如曾国藩所说的，必须有智、有识。当你懂得一门技艺，并引以为荣，便愈知道深如海，而我根本未到深如海的境界，我只知道别人走快我们几十年，我们现在才起步追，有很多东西要学习。"

李嘉诚自小喜欢看书。李嘉诚3岁就能咏《三字经》、《千家诗》等诗文，正是幼童时代的启蒙读物，使李嘉诚接受了中国传统文化的熏陶。李嘉诚5岁入小学念书，"之乎者也"的读书声与观海寺的诵经声交相混杂，回荡在街头巷尾。年幼的李嘉诚并不满足于先生教授的诗文，极强的求知欲带领他展开了更为广泛的阅读，尤其对那些千古流传的爱国诗篇，他更是沉醉其间，这在李嘉诚年少的心里，深深埋下民族文化和民族精神的根基。李氏家族的古宅，有一间珍藏图书的藏书阁，李嘉诚每天放学回家，便泡在这间藏书阁里，孜孜不倦地阅读诗文，由此他被表兄弟们称为"书虫"。年少的李嘉诚读书非常刻苦自觉，经常点灯夜读。李嘉诚在这样的求学、求知的氛围中，读完了小学，也完成了对他一生都有深刻影响的少年时代的国学知识的汲取，为李嘉诚后来的发展与辉煌奠定了宝贵的基础。

后来，李嘉诚一家来到香港，他坚持半工半读。"人家求学，我是抢学。"14岁的李嘉诚因生活所迫，来到茶楼打工，每天要工作15个小时以上，回到家后，他还要就着油灯苦读到深夜。由于学习太用心，他经常会忘记时间，以至于想到要睡觉的时候，已到了上班的时间。他的同事们闲暇之余聚在一起打麻将，李嘉诚却捧着一本《辞海》在啃，时间长了，厚厚的一本《辞海》被翻得发了黑。他毫不犹豫地告诉年轻人："知识决定命运。""知识"在他心目中所占地位由此可见一斑。"我年轻时没有钱和时间读书，几个月才理一次发，要抢学问，只能买旧书，买老师教学生用过的旧书，长大了也没有时间去看言情小说、武侠小说，不过，我是喜欢历史的，小时候读书历史都拿高分的。"李嘉诚认为，一切财产随时都有被夺走的危险，只有知识和技能是唯一可随身携带，是终生享用不尽的资产。

年少的李嘉诚只要一有时间就躲在小书房里，如痴如醉地看书，海阔天空地去考虑问题。即使有很多书他不能看懂或似懂非懂，但他仍能凭他的天赋和聪颖努力去领悟。李嘉诚回忆年轻的经历时曾说："父亲去世时，我不到15岁。面对残酷的现实，我不得不去工作，忍痛中止学业。那时我太想读书了，可家里是那样的穷，我只能买旧书自学。我的小智慧是被环境逼出来的。我花一点点钱，就可买来半新的旧教材，学完了又卖给旧书店，再买别的旧教材。我学到了知识，又省了钱。"

言语之间，甚为得意，似乎比现在赚几亿元还要兴奋。虽然环境异常艰辛，但李嘉诚仍能积极学习，充实自己，这是十分难能可贵的。与那些有充分的学习条件和充足的学习时间，却不思进取的人相比，的确显示出他的与众不同。在回忆过去时，李嘉诚说："年轻时我表面谦虚，其实内心很'骄傲'。为什么骄傲？因为我在孜孜不倦地追求着新的东西，每天都在进步，这样离我的目标就不远了，现在仅有一点学问是不行的，要多学知识，多学新的知识。"

李嘉诚认为，知识可以帮助人获得成功，更加可以改变人的命运。李嘉诚不仅始终重视追求新知识，而且还养成了良好的读书习惯。李嘉诚曾说："我不看小说也不看娱乐新闻。这是因为从小要争分夺秒地'抢'学问。现在仅有的一点学问，都是在父亲去世后，几年相对清闲的时间内得来的。因为当时公司的事情比较少，其他同事都爱聚在一起玩麻将，而我则是捧着一本《辞海》、一本老师用的课本自修起来。书看完了卖掉再买新书。以前，每天晚上我都看书，并不看时钟，看完了就熄灯睡觉，现在精力跟不上，晚上看书有时还没看完自己就睡着了。"李嘉诚一生中无数次地把握住财富的机会，每每得到幸运之神的眷顾和垂青，别无他法，是他孜孜不倦地追求知识的必然收获。李嘉诚说道："在知识经济的时代里，如果你有资金，但是缺乏知识，没有最新的信息，无论何种行业，你越拼搏，失败的可能性越大。但是你有知识，没有资金的话，小小的付出就能够有回报，并且很可能达到成功。现在跟数十年前相比，知识和资金在通往成功路上所起的作用完全不同。"

李嘉诚在香港生活，要融入这个国际化的大都市，必须要解决广州话和英语这两个语言关的问题。李云经要求儿子"学做香港人"，一来可以立足香港社会，二来可以直接从事国际交流。倘若将来有出人头地之日，还可以身登龙门，跻身香港的上流社会。李嘉诚把学广州话当作一件大事来对待。他拜表妹表弟为师，勤学不辍，苦练不止，很快就学会一口流利的广州话。李嘉诚学英语，几乎到了走火入魔的地步。在上学、放学的路上，他边走边背单词。夜深人静，他怕影响家人的休息，独自跑到屋外的路灯下读英语。天刚亮，他又一骨碌爬起来，口中念念有词，不是在朗读就是在背诵英文。即便在茶楼打工、中南公司当学徒，在每天十多个小时的辛苦劳作后，李嘉诚仍从不间断地坚持业余时间学习英语。功夫不负苦心人，李嘉诚凭着刻苦学习的毅力，几年后熟练地掌握了英语。就是到晚年，年逾古稀的李嘉诚在接受采访时还说："我每天晚上都要看英文电视，温习英语。"

在李嘉诚日后几十年的商海搏击中，广州话和英语都使他在生意上得心应手而受益匪浅。在香港，华人中流行广州话，不懂广州话可以说寸步难行。英语更是给李嘉诚带来了无法估量的巨大财富。在长江塑胶厂创业之初，李嘉诚凭着一口流利的英语直接与外商接洽，从而赢得了至关重要的致使塑胶厂起飞的订单。

李嘉诚认为，一个人只有不断填充新知识，才能适应日新月异的现代社会，不然你就会被那些拥有新知识的人所超越。然而，更为重要的是：要拥有把知识变为工作经验、企业利润的能力。正如他自己所说："最重要的是要把知识变为工作经验、企业利润。"

李嘉诚是一个实干家，他反对逞一时之能的行为，而认为应该由小及大，循序渐进，抓准时机，果断发展，扎扎实实开展自己的事业。即使年过花甲，每天仍然工作 10 多个小时，未敢有一刻松懈。为了掌握英语，他坚持用业余时间自修英文，经过十几年的努力，终于可以流利地用英文同外国人对话。[①]

学习的钱一定要花！如果我们把世界首富比尔·盖茨从美国抓到非洲，并且不给他一毛钱用，相信很快的，比尔·盖茨还是会有钱，因为他所有的本钱就是他头脑里的智慧。换句话说，把钱投资在自己的头脑上，是最安全的理财，到哪里都不会饿肚子。

也许很多人会反驳："连三餐都吃不饱了，负债累累，哪里有钱再去学习呢？而且学习也不见得立刻就看得到效果！"这样的人永远都不会把钱投资自己的头脑上。事实上，如果真的一贫如洗，头脑正是东山再起的最大本钱，更应该好好投资才对，因为头脑穷，人生就会穷。

我们看到周遭好多人终其一生都在为钱所苦，永远在补金钱的黑洞，实在是因为他们没有看清事实。如果只顾看眼前，而没有站高一点往后看，一辈子恐怕很难有翻身的机会。

人生中的困境，是你早年未完成的功课，一定要通过自我摸索与自我学习，才能突破与跃进。聪明的人懂得通过学习以别人的经验为借镜，避免自己重蹈覆辙多走冤枉路。所以，我的看法是，学习的钱一定要舍得花，哪怕借钱来投资自己都是值得的，因为它一定会有窗口让你再把钱赚进来。

---

① 柳赫.我的江湖，还未褪色：李嘉诚：不被逆转的神话［J］.领导文萃，2015.

时间比金钱更宝贵

莎士比亚曾经说："放弃时间的人，时间也会放弃他。"凡是成就了伟大事业的人，都会对时间异常珍惜，对时间非常"苛刻"。他们不容自己的时间有半点浪费，只要是有一点时间，就会把时间用在工作上。

18世纪美国最伟大的科学家，著名的政治家、文学家和航海家富兰克林曾说："你热爱生命吗？那么别浪费时间，因为时间是构成生命的材料。"古今中外，大凡有成就者，都具备强烈的时间观念。美国首任总统华盛顿，其功勋伟绩享誉全球，他的许多下属都领教过他严守时间的作风，每当他约定好时间，必定要按时到，一秒不差。在大千世界的所有批评家中，最伟大、最正确、最天才的是"时间"，而"世界上最快而又最慢、最长而又最短、最平凡而又最珍贵、最容易被人忽视而又最容易令人懊悔的也是时间"。

善于经营的商人总是把时间看得比金钱更宝贵，所以能够最充分地利用时间。李嘉诚就是这样一个惜时如金的人。李嘉诚在年纪很小的时候就懂得珍惜时间。在年少之时，经过多天奔波，李嘉诚终于在一个茶楼找到了一个跑堂的差事。舅舅听说李嘉诚在茶楼找到一份工作，非常高兴，就送给外甥一个闹钟，并叮嘱道："这是我送给你的初涉社会的礼物，希望你能做一个珍惜时间的人。"

李嘉诚很感激舅舅的教诲。虽然"珍惜时间"只是很平常的四个字，但古今事业有成的人，谁不是惜时如金的人呢？

在童年及少年时代，李嘉诚经常在夜间将自己关在房内，在夜阑人静，人人都贪恋一觉酣睡之时，刻苦自学，不断充实自己。在记述少年的生活时，李嘉诚曾经表示，他十七岁当推销员之时，因为赚钱不易，其他人每日工作八小时，他就比其他人双倍地努力，每日工作十六个小时。当时他所在公司有七个推销员，而且都比李嘉诚年长。

李嘉诚还从不间断业余自学。塑胶业的发展日新月异，新原料、新设备、新制品、新款式源源不断地被开发出来。李嘉诚犹如海绵吸水，总觉得时间不够用。为了节省时间，李嘉诚搬到了厂里住，每个星期回家一次，探望母亲和弟妹。厂子状况有所改观后，他便在新蒲岗租赁了一栋破旧的小阁楼，此处有三个用处，它既是塑胶厂的办公点，又是成品的储藏库，还是他的卧室。

李嘉诚事必躬亲，不仅节省了许多不必要的开支，同时又对全厂每一个环节的情况都了如指掌。此外，身为老板如此这般努力工作，给全厂员工起到率先垂范的榜样作用。这是在非常时期十分有效的方式。

李嘉诚为了不耽误开会，不失约于人，雷打不动地将自己的手表拨快 10 分钟，以保证准时出席会议或赴约。他处事果断、老练，决不拖泥带水。他曾在 17 小时内谈妥一笔 29 亿港元的交易，随即致电银行，两分钟内就安排一笔 1.6 亿港元的贷款。他经常对下属说，早上的事，下午必须决定或答复。如果 17 小时内经常发生的事非常繁忙，则在 24 小时内一定答复。正是比别人投入了更多的时间，才使李嘉诚赢得了众多的客户，而对时间的珍惜，又让他具有了别人当时所没有的超前的商业眼光。

李嘉诚说道："一个商人，在接洽商务时，在椅子上不慌不忙地撇开正话不讲，而只谈他随时想到的不相干的话，是绝对不能成功的，因为他太迟缓。商业接洽中的每句话，都应该针对业务本身而发，要直接、爽快，时间才不致浪费。"

李嘉诚最厌恶的，就是那些说话不着边际、节外生枝，讲冗长套语、无谓废话的人。种种冗长无谓的言语，使人听得厌烦。正因为如此，李嘉诚平时惜时如金，很少长篇大论，而必要的商业应酬也总是能短则短，能少则少。

李嘉诚每一天的生命不但比别人提前开始，而且休息总比别人晚。每天早晨，他一定是在5点59分之前起床，随后听新闻，打一个半小时的高尔夫。当员工来到公司时，他已经完成了一系列运动。晚上不论多晚，他都要把工作干完，绝不把工作带回家。李嘉诚的时间观念就是这么强烈，他把表拨快10分钟其实就是让"错误的时间"告诉他一个正确的信息：抓紧时间，准备迎接下一个挑战。

曹操用"烈士暮年，壮心不已"表达自己虽然年老，但仍然有一统天下之雄心壮志的感慨。古稀之年的李嘉诚，也依旧在扩张自己的商业王国，他在开拓的道路上，不仅不知疲倦，反而乐在其中。

俗话说得好：人生不如意事十之八九。生活中，每个人都会面对逆境，如果选择了逃避，终将会一事无成；如果选择不放弃，奋发图强，终将成就一番事业。古有孟子所言：天将降大任于斯人也，必先苦其心志，劳其筋骨，饿其体肤，空乏其身，行拂乱其所为，所以动心忍性，增益其所不能。

李嘉诚年少失怙，小小年纪就要肩负起照顾母亲、弟妹的责任。面对如此逆境，他没有放弃，白天努力工作，晚间补习英文。经过

60 多年的奋斗，缔造了今日多元化跨国企业的王国，备受世人尊崇。

1981 年香港电台采访李嘉诚时，曾问过他这样一个问题："李先生，你今天的成功，与运气有多大关系？"

李嘉诚回答："我不能否认时势造英雄……"

而今天的李嘉诚重新面对这个问题时，他的答案是："那时我说得谦虚，今日我再坦白一点说。我创业初期，几乎百分之百不靠运气，是靠工作、靠辛苦、靠工作能力而赚钱。投入工作十分重要，你要对你的事业有兴趣；今日你对你的事业有兴趣，工作上一定做得好。"

73 岁的李嘉诚说，他也曾经历困难，不单单是"负资产"问题。

"有一天或者我愿意写一部书，或者我愿意与年轻记者们坐下来详谈，但不见报的。如果你说我以前困难的情形，我不只是'负资产'，我什么资产都无。'负资产'只是一个楼'负资产'，也许他们还有其他东西。但我同情他们……也许你不相信，但我由当时到今天，充满信心；在一生之中，从来没有一天对前途失去信心。"

李嘉诚继而说道："像我，正规教育只读到初中，如果我没有信心、没有毅力、没有奋斗，我就没有今天！以我在香港这几十年，1940 年到今天，有多少年？ 60 多年。这 60 多年，我没有停过一天，亦没有一天没有尝试增加自己的知识，到今日亦如是。坦白说，假设我今天一无所有，我去打工，我相信一样有人请我。这很重要。所以，一个人面对这情形，自己增强自己。今天有些工作五六千元，七千元，有很多工作没有人做。我有这机会，五六千元也会去做。我一边做，自然可以在社会学一些东西。有份工作给你九千，便做九千；有份工作给你一万，便做一万。一样可以上去。"

很多人认为自己生不逢时，总是被命运捉弄，李嘉诚信命否？李嘉诚表示："我从小时就绝不相信命运，年幼时可说生不逢时，抗日战乱，避难香港，父亲病故，14岁挑起家庭重担。小孩子的时候，我是非常非常喜欢念书的人。先父是染了肺病逝世的，先父进医院两三天，我就知道我自己也有肺病，因为13岁小孩子懂得去买旧的医书来看。几年来，一个医生都没有看过，早上痰有血，下午发热，所有症状，没有人可以讲，记起这个，真的是无处话凄凉，不尽辛酸。

"那个时候肺病是必死之病，去照X光片，医生会吓起来。我的肺里面好多不同的洞，已经钙化了。到了那个时候怎么医呢？吐血吐了很多，你也没有钱，如果有什么伤风了，身体不好了，喝盐水。盐水不能治病。但是你如果喉咙痛啦，伤风发热啦，盐水会有用。

"21岁的时候，我的肺病已经好了。我18岁已经做经理，19岁做总经理，负责办公室的工作和工厂的工作。虽然打工，我一天都做10多个小时，有的时候做到晚上，做得非常非常疲倦，公寓晚上11点就没有电梯了，我常常爬楼梯到10楼住所，有时候疲倦得不得了，就闭着眼睛爬。我说，我一定有一个办法，可以令到我自己爬楼梯的时候舒服一点，就一边爬，一边数楼梯，数够了楼梯级数，就睁开眼睛……"

李嘉诚每一天的生活，总是比别人提前开始，而休息，却永远要比别人晚。因而，他的时间要较别人的长许多。

对于每一位渴望成功的人而言，勤奋无疑是必要的。然而，在成千上万刻苦努力的人之中，取得成功的却终是少数。对此，李嘉诚有好言相告：

"除勤奋外，要节俭（只对自己，不是对人吝啬）；此外还要建立良好的信誉和诚恳的人际关系；具判断能力亦是事业成功的重要条件，凡事要充分了解及详细研究，掌握准确资料，自然能做出适当的判断。求知是最重要的一环节，有些人到某一地步便满足，不再求知，停滞不前，今天我仍继续学习，尽量看最新兴科技、财经、政治等有关的报道，每天晚上还坚持看英文电视，温习英语。"

从古至今，关于奋斗的例子比比皆是，可见任何人士的成功，多数不会一帆风顺，而是经历过各种磨难，只有不畏艰难者、不放弃者，最终才能有所作为。李嘉诚充满自信地说："在逆境的时候，你要自己问自己是否有足够的条件。当我自己处在逆境的时候，我认为我够！因为我勤力、节俭、有毅力，我肯求知及肯建立一个信誉。"

在李嘉诚身上焕发着无穷的领袖魅力，使他拥有了强大的影响力、凝聚力和感召力。

跟随李嘉诚创业的老臣子盛颂声说："李先生每天总是8点钟到办公室，过了下班时间仍在做事，公司同仁也都如此，这就使长江实业成为一家最有冲劲的公司。""事业有成之后，李嘉诚又尽量宽厚待人，使和他合作过的个人或集团，全赚得盆满钵满，这便奠定了长江实业今后有更大发展的基础。"

永无止境的好奇心

法国启蒙主义学者卢梭说过："10 岁被点心、20 岁被恋人、30 岁被快乐、40 岁被野心、50 岁被贪婪所俘虏。人，到什么时候才能只追求睿智呢？"李嘉诚说："我要拒绝愚昧，要持恒地终生追求知识，经常保持好奇心和紧贴时势增长智慧，避免不学无术。在过去 70 多年，虽然我每天工作 12 小时，下班后我必定学习。"

"贫穷不一定是缺乏金钱，而是对希望及机遇憧憬破灭的挫败感。很多人害怕可上升的空间越来越窄，一辈子也无法冲破匮乏与弱势的局限。我理解这些恐惧，因我曾经一一身受。没有人愿意贫穷，但出路在哪里？"李嘉诚说。

的确，贫穷不一定是缺乏金钱，而心灵的贫穷更加可怕。李嘉诚成长的年代，香港社会艰苦，是残酷而悲凉的。那时候没有什么社会安全网，饥饿与疾病的恐惧强烈迫人；求学的机会不是每一个人都有的权利，贫穷常常像一种无期徒刑。今天香港社会新的富足，为大部分人带来相对的缓冲保障，这是许多像李嘉诚那样的前辈胼手胝足、筚路蓝缕为香港社会奠定的基础。

除了小说，李嘉诚遍读从各公司年报到科技、历史、宗教等各类书籍。

这让那些常伴他身边的人也会时常惊讶于他的新鲜感。比如，在谈及世界经济时，李嘉诚会顺手拈出像"22 个阿拉伯国家的 GDP 总和还超不过西班牙"这样的一些外人不太留意的数据，而在谈及节能建筑这样的专业问题时，李嘉诚能像一个材料学专家般侃侃而谈，甚至，他专门要求别人为他讲解 Web2.0 方面的知识。这并非因为他投资了 Facebook 这个全世界最热门的社区网站，而是因为，他想知道自己孙辈一代以后怎么了解世界的知识。

如果可以总结李嘉诚的知识结构，至少包括两个方向。其一是他业务所涉及的种种专业知识，比如如何将油砂精炼为石油，或 P2P 技术将怎样影响移动通信的未来；其二则是他的好奇心，他的好奇并不是率性的，而是认真预先设定好自己看问题的角度，然后像搜索引擎般尽可能全面了解相关信息。因此,他喜欢了解各国的文化、历史，以及这些世情如何积淀为今天还在影响人们思考的力量。

这最终让李嘉诚成为一个东西文化结合体：像西方饱受职业训练的经理人一样重视数据、依靠组织和制衡的管理法则，也像外国商人一样发自内心的乐于迎接竞争带来的压力和成就感；另一方面有着东方的谨慎谦虚，始终坚持东方企业家关心、重视员工的长远前途的传统。

以前，李嘉诚看新闻喜欢纸质版，iPad 出来之后，他就只看电子版了。李嘉诚现在用的是 iPhone 手机。

这些习惯，让李嘉诚始终站在资讯的最前沿，也让这个老人投资了一系列高科技公司。

李嘉诚旗下的维港投资，最近这两年，投资了 60 多家科技公司，其中不乏很多明星项目，例如 Facebook、Skype、Siri、Waze、Spotify、Summly 等等，而这个团队总共不过八个人。

"他并不是一个生活在象牙塔中的人，相反，他对潮流的把握远超很多年轻人。"一位下属透露。李嘉诚旗下公司无数，连很多下属都数不清，直接向他汇报的，就有二百人左右。每个月，李嘉诚都会跟海外管理层进行会议，每年会"出外巡检"三四次。

李嘉诚的多位下属表示，李嘉诚非常善于问问题，遇到一个新事物，他总是会想，这和我、和我的公司有什么关系？他总是会将自己的问题交给专业的人去寻找答案。

比如，在 Facebook 等社交媒体开始火起来的时候，李嘉诚曾经问过旗下公关团队一个问题：怎么看待其和平面媒体以及网上媒体对集团公关的影响？

为了回答李嘉诚的这个问题，公关团队专门召开最高会议进行讨论，形成专题报告向他汇报。有趣的是，最后这个团队甚至开发了一款软件，专门用以评价不同渠道的公关效果。

"如果李先生是个停滞的人，就不可能有今日之成就。"李嘉诚的一位下属感叹，"外人都将他看成超人，而他自己，则始终将自己看成是变成超人之前的那个人。"

不停反思的自制力

李嘉诚曾因电影《阿甘正传》而潸然泪下，虽然比起命运如羽毛般随风飘荡的阿甘，世情练达的李嘉诚选择命运的意识和能力都强出太多，但其成功的基础，也是对于一系列朴素价值观的反复实践，这与阿甘在懵懂之间履行单纯的价值观倒颇有类似。

相信绝大多数陌生人在与李嘉诚接触之初，都会诧异于其简单的一面。他拥有着儿童式的灿烂笑容，言语也不加雕琢般简洁跳跃，谈起一些热衷的游戏，如在高尔夫球场上战胜友人，他会像任何一个在游戏中获得成就感的少年一样，流露出发自内心的喜悦。与那些极为在意饮食健康的年长企业家不同，李嘉诚至今仍喜爱吃薯片这样"不健康"的食品。如果可以相对简单地归纳李嘉诚的内心，那它或许是由两种品质构成的：一方面是深厚广博的商业才华，另一方面则是天真烂漫的赤子之心。

又究竟是什么力量让这两者交融，不会偏倚于一端？熟悉李嘉诚的人会将这种微妙的平衡分解为两种人格：其从商旅程之所以总有突破，很大程度上因为李嘉诚有着无止境的好奇心，由于平时对经济、政治、民生、市场供求、技术演变等信息，尤其对他经营行业有关的最新数据和信息全部了然于胸，故能于机会来时迅速做出决定。而他没有像绝大多数成功人士一样被接连不断的成功冲昏头脑，则因为他有着不停反思而形成的自制力。

自制力是人类最实用的技能之一，人类依靠它来抵抗诱惑，而且拥有较高自制力的人们，有着更高的自尊，更强的人际交往能力和更少的缺点。

85岁的李嘉诚，从早年创业至今，一直保持着两个习惯：一是睡觉之前，一定要看书，非专业书籍，他会抓重点看，如果跟公司的专业有关，就算再难看，他也会把它看完；二是晚饭之后，一定要看十几二十分钟的英文电视，不仅要看，还要跟着大声说，因为"怕落伍"。

关于工作习惯，最为著名的细节是李嘉诚的作息时间：不论几点睡觉，一定在清晨5点59分闹铃响后起床。随后，他听新闻，打一个半小时高尔夫，然后去办公室。

　　心理学家们发现，自我控制与我们标榜的成功息息相关：在自我控制的较高水平，人们有更高的自尊，更强的人际交往能力，更好的情感回应和更少的缺点。这在李嘉诚身上得到了非常好的体现。

　　攀上人生高峰的李嘉诚，有着常人无法理解的自律，但也有着常人无法理解的孤独。对他来说，他最大的敌人不是别人，而是真正的自己——所谓的自修，说的就是这个道理。

　　我们正处在一个前所未有的时代。近十年来，电脑不再是主要的互联网接入终端，手机的通话和短信功能逐渐淡化，购物网站以及"双11"、团购、秒杀使我们不假思索地下单，同时更少出门。前辈们从没有像我们今天这样被种种诱惑所裹挟。与此同时，自控力正成为一种日益稀缺的资源，当我们每隔6分钟就要打开手机刷新朋友圈和微博，每次查资料都忍不住点击正文旁边闪烁的推广链接时，我们失去的远不止一个又一个的6分钟，同时离我们远去的，还有奋斗时内心的沉静与坚持。

　　李嘉诚曾对汕头大学的学生这样说过："你的魅力，表现在你的自律、克己和谦逊中。所有这些元素连接在一起就能凝聚与塑造一个成功的基础。当机遇一现，你已有本领和勇气踏上前路。"

　　李嘉诚给他的孙子取名叫李长治，为什么叫"长治"？他曾这样对媒体解释过："'长'是辈分取的字，而'治'就有多种解释，比如治水、长治久安，但是在'治'这么多个诠释中，我就最喜欢'治自己'这个解法。即是你自己管好自己，警惕自己，是好寓意，很适合男孩用。"

第七章

追求最新的信息
——李嘉诚谈眼光

● 财富的根基 ●

李嘉诚给年轻人的 10 堂人生智慧课

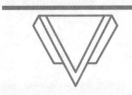

眼光是一台引导器

美国一所著名学院的院长，继承了一大块贫瘠的土地。这块土地，没有具有商业价值的木材，没有矿产或其他贵重的附属物，因此，这块土地不但不能为他带来任何收入，反而成为支出的一项来源，因为他必须支付土地税。

州政府建造了一条公路从这块土地上经过。一位"未受教育"的人刚好开车经过，看到了这块贫瘠的土地正好位于一处山顶，可以观赏四周连绵几公里长的美丽景色。他同时还注意到，这块土地上长满了一层小松树及其他树苗。他以每亩10美元的价格，买下这块50亩的荒地。在靠近公路的地方，他盖建了一间独特的木造房屋，并附设一间很大的餐厅，在房子附近又建了一处加油站。他又在公路沿线建造了十几间单人木头房屋，以每人每晚3元的价格出租给游客。餐厅、加油站及木头房屋，使他在第一年净赚15万美元。

第二年，他又大事扩张，增建了另外50栋木屋，每一栋木屋有三间房间。他现在把这些房子出租给附近城市的居民们，作为避暑别墅，租金为每季度150美元。

而这些木屋的建筑材料根本不必花他一毛钱，因为这些木材就长在他的土地上（那位学院院长却认为这块土地毫无价值）。

还有，这些木屋独特的外表正好成为他的扩建计划的最佳广告。一般人如果用如此原始的材料建造房屋，很可能被认为是疯子。

故事还没有结束，在距离这些木屋不到 5 公里处，这个人又买下占地 150 亩的一处古老而荒废的农场，每亩价格 25 美元，而卖主则相信这个价格是最高的了。

这个人马上建造了一座 100 米长的水坝，把一条小溪的流水引进一个占地 15 亩的湖泊，在湖中放养许多鱼，然后把这个农场以建房的价格出售给那些想在湖边避暑的人。这样简单的一转手，使他共赚进了 25 万美元，而且只花了一个夏季的时间。①

李嘉诚曾说："人们赞誉我是超人，其实我并非天生就是优秀的经营者，到现在我只敢说经营得还可以。我是经历过很多挫折和磨难，才悟出一些经营的要诀的。"

在清代大商人胡雪岩看来，"经商者需要眼光"。同样李嘉诚也有这种观点——"眼光是经商的一把引导器，它能让你探测准方位后再行动，以免在还没有定位时，就盲目出脚"。

股市的兴旺与衰微，大都与政治经济因素有直接关系，大致有一定的规律性。古人云："功夫在诗外。"李嘉诚时机掐得准，是他时时关注整个国际时势的结果。然而，有时股市的突发事件，并非外界所能控制，谁也无法预测——这显示出股市极其险恶、变幻莫测的一面。需要成功的应对功夫，这源于李嘉诚的眼力！在企业里，这种先见之明体现在远瞻行业的动态。

20 世纪 50 年代初，李嘉诚从各种渠道得知，欧美人最喜欢塑胶花。

---

① 独特的眼光比知识更重要 [J]．意林故事，2012.

在北欧、南欧，人们喜欢用它装饰庭院和房间，在美洲，连汽车上或工作场所也往往摆上一束塑胶花，而在苏联，扫墓时用它献给亡者，表示生命早已结束，但留下的思想和精神是常青的。于是，从50年代末起，李嘉诚生产的塑胶花便大量地销往欧美市场，获得海外厂商一片赞誉，一时间大批订单从四面八方飞来，年利润也从几万上升到1000多万港元，直至1964年，塑胶花市场一直旺盛不衰。对新兴产业进行前瞻性、战略性的投资，是李嘉诚最拿手的功夫之一。

"要永远相信：当所有人都冲进去的时候赶紧出来，所有人都不玩了再冲进去。"李嘉诚这样说。

几乎每一个人都会有跟风的习惯，因为人人都有对事物的好奇心理和争胜心态。若没有一点原则和主见的话，是很难改变的。这也就是我们当中总是只有少数人才能成功的主要原因。可以说，"在别人放弃的时候出手"是成就事业的关键。

由于股市一片利好之势，自20世纪60年代末至70年代初，香港各界产生了一股"要股票，不要钞票"的投资狂潮，掀起了一阵比一阵更高涨的"上市热潮"。在这股强劲的"炒风"之中，香港市民个个骚动不安，发疯发狂发癫发痴发梦。普通股民纷纷卖掉自己好不容易买下的金银首饰，业主也卖掉了自己的工厂、土地、房屋，甚至有的商人还卖掉自己的地产公司，将楼宇建筑所筹集来的贷款，全部投到了股票市场，大炒特炒，梦想着牟取一夜暴利，快速发家致富。

每日在股市的进进出出中，忘却烦恼，忘却痛苦，忘却危机，忘却灾难即将来临。香港股市处于空前的疯狂状态之中。1973年3月，恒生指数竟突然升至1775点的历史高峰，一年间升幅竟达5.3倍。

这更使许多人乐得眉开眼笑，得意忘形，数钞票数得完全忽视了潜在的巨大风险。

然而，李嘉诚在这个"炒风刮得港人醉"、"满城尽带红马甲"的疯狂岁月，丝毫不为炒股暴利所动，依然稳健地走在他早已认准了的正途——房地产业。

李嘉诚把从股市上吸纳的资金，投放于收购大量的廉价物业。这样，就在人们用低价卖出物业所得的钱去购买股票时，李嘉诚却人弃我取，统率他的长江实业——一边发行着股票，一边将发行股票筹集到的资金成批地去收购那些低价出卖的物业。后来的结果我们都知道。

1993 年，李嘉诚购入英国移动电话公司 Rabbit，并易名为 Orange "橙"。

1999 年是世界电信企业最风光的一年，电信类企业的股票市值屡创新高，和记黄埔有限公司（简称"和黄"）抓住时机，创造了"千亿卖橙"的"神话"。先是在 2 月出售约 4% 的"橙"股份，套现 50 亿港元；10 月，又将"Orange（橙）"公司 49.1% 股权出售给德国的 Mannesmann（曼内斯曼）公司，获利 151 亿美元；再用所持有 Mannesmann 公司 10.2% 的权益，换取英国 Vodafone（沃达丰集团）5% 的权益，获利 64 亿美元。至此，和黄在 2G 上全部退出欧洲移动市场。

李嘉诚总是一个走在时代前端的人，这不仅是因为他手表的时间比别人调得都快，最主要的原因是他总能以长远的眼光去看待事情。

"敏锐的政治眼光"

李嘉诚的生活和事业已与政治、文化、文明和国家牢牢地系在一起了。这一点尚无多少人注意到。

李嘉诚是一个企业家，但他却不是一个"只知赚钱、只为赚钱、只会赚钱"的企业家，更重要的，他更是一个"最有敏锐的政治眼光的经济战略家"。在长期的社会实践和复杂多变的环境中，他能挥洒自如地运用诸如"等待时机""看好天气""绕过暗礁""审时度势""随机应变""早著先鞭""未雨绸缪""人弃我取""化腐朽为神奇""避开困难绕道走，利用顺境大步进"等战略战术。这就使得李嘉诚往往能处于主动位置，善于抓住机遇，在有利条件及时机下加速发展自己。

并且，在香港这个大都会里，经济神经、政治神经、生活神经从来都是十分敏感的。每有一点"风吹草动"或"蛛丝马迹"往往会幻变成为"杯弓蛇影"或"狂雹飓风"。

创业之前，李嘉诚服务的公司最大业务对象是来自中国内地的顾客。1949年新中国成立，政治格局发生变化，他迅速做出判断："我知道，我们90%的销售都面向中国内地，如果内地领导层发生变动，我们的业务将大幅减少。果然，1949年，我们的业务减少了90%，比我预期的还要糟糕。但公司没有受到严重影响，因为我没有留太多库存，也没有订购太多原材料。"

"文革"时，香港人心惶惶，发生了自"二战"后的第一次移民大潮。许多有钱人纷纷贱卖住宅、商店、厂房、物品，携款远走他乡，楼市更是无人问津。李嘉诚举家迁往新加坡，但他也看到了其中的商机。拥有数个地盘、物业的李嘉诚经过深思熟虑，对"会不会以武力收复香港"的问题做出了判断：不可能！中国共产党若想武力收复香港，早在1949年就可趁解放广州之际一举收复，何必等到现在？而香港是内地对外贸易的唯一通道，保留香港现状，实际上对中国共产党大有好处。中国共产党并不希望香港局势动乱。

李嘉诚毅然采取惊人之举，买下旧房翻新出租。利用地产低潮、建筑费低廉的良机，在地盘上兴建物业。他低价买下其他地产商刚开始打桩而又放弃的地盘。20世纪70年代，香港人口由战后60万增至400多万，楼宇需求大大增加。李嘉诚表示："我赚到很多钱，但不是一个天文数字。"

1971年"九一三"事件后，中国内地政治气候已开始从阴、多云转向晴，社会环境得到了较大的安定。1972年2月21日，尼克松访华，开始实现中美邦交正常化。这些国际的大环境和中国内地的大环境，都给香港社会经济的发展带来了极有利的条件。李嘉诚看准并抓住了这一个大好时机，他决定适时将长江地产有限公司（属中小型地产公司）更名为长江实业（集团）有限公司，并于1972年7月31日宣告正式成立。这个时候的李嘉诚，已进入了"不惑之年"。在他手头，已经积聚了相当的资金。

1985年5月27日，李嘉诚入主"和黄"后不久，中英两国政府代表在北京交换了两国最高立法机构对中英《联合声明》的批准书后，李嘉诚又在他的事业上取得了巨大的、喜人的飞跃。

香港回归前夕，许多港人对香港前途持悲观心态。1997年7月2日，香港回归祖国的第二天，长江集团举行了一个庆祝香港回归祖

国的大型酒会，李嘉诚发表了热情洋溢的《合浦珠还长江出海》的
讲话。李嘉诚谈及当时的情况颇有感触地说，本来他是不准备在酒
会发言的，但当时一些本地、外来员工对香港前途都有顾虑，于是
他便即席发表讲话，解除员工的疑虑。李嘉诚表示，香港回归祖国，
是举世瞩目的盛事，值得我们庆祝。很高兴我们都能够见证这个历
史性时刻，作为中华民族的一分子，这是很具意义的。李嘉诚当年
预言："本人对祖国及香港前景充满信心，回归后，东方之珠将更加
闪烁璀璨。在'一国两制'及基本法的保障下，香港会继续安定繁
荣。……古语尚有一句'无信不立'，相信你们多年来和我共事都深
知我对'信'这个字的重视，政策是绝对不会改变的。"

舆论界对此纷纷赞扬，说"李嘉诚投下香港信心的一票"。中英
签署联合声明后，李嘉诚对由 1997 年 7 月 1 日起香港回归祖国后的
美好繁荣前景，更加充满信心。10 年后回头再看，事实证明了李嘉
诚的预见：东方之珠更加闪烁璀璨，香港继续安定繁荣。

追求最新的信息

"我从不间断读新科技、新知识的书籍，不致因为不了解新信息
而和时代潮流脱节。"

在最初创业的时候，李嘉诚与一般厂主的不同之处便是他时常
将眼光放在国际市场，所以大量订阅英文杂志，以了解国际市场的
潮流。

那个时候，在香港塑胶生产行业，看英文版《现代塑胶》专业

杂志的人很少，但李嘉诚却一直很看重这本杂志，经常从里面学习塑胶行业的前卫知识。

1957年初的一天，李嘉诚阅读新一期的英文版《现代塑胶》杂志，偶然看到一小段消息，说意大利一家公司利用塑胶原料制造塑胶花，全面倾销欧美市场，这给了李嘉诚很大灵感。他敏锐地意识到，这类价廉物美的装饰品有着极大的市场潜力，而香港有大量廉价勤快的劳工正好用来从事塑胶花生产。他预测塑胶花也会在香港流行。

欧美的家庭，室内户外都要装饰花卉。这些植物花卉，经常要浇水、施肥、剪修、除草。现代人的生活节奏日益加快，当时许多家庭主妇变成职业女性，对这些家庭来说，不再有闲情逸致花费时间去侍弄花卉。并且，植物花卉花期有限，每季都要更换花卉品种，实在麻烦得很。

塑胶花正好弥补这些缺陷。现代人以趋赶时髦为荣，塑胶花的面市，将会引发塑胶市场的一次革命，前景极为乐观。

于是，李嘉诚在香港做了一次调查，他发现那么多的商场里，居然没有一家卖塑胶花的。对于长江塑胶厂来说，如果塑胶花的生产和销售能够获得成功，那么企业就有重新壮大的一天。

李嘉诚心里很清楚，对于任何刚面市的新产品，每个商家都会非常重视，为了不让竞争对手或者其他人将技术学到手，对技术资料都会有很大的保留。为了克服这些看似不可逾越的难关，李嘉诚不断以购货商、推销员的身份打入企业内部，甚至采取了为别人打短工的方式，千方百计地搜集每一点关于塑胶花制作的技术资料和信息。然后回港，在士美菲路分厂研制塑胶花，高峰时曾请近100名工人，赶工时分三班制。从此，成就了李嘉诚"塑胶花大王"的称誉。

李嘉诚在一次演讲中说道："很多关于我的报道都说我懂得抓住时机，那么时机的背后又是什么呢？我认为，抓住时机首先要掌握准确的最新资讯。""最重要的是事前要吸取经营行业最新、最准确的技术、知识和一切与行业有关的市场动态及信息，才有深思熟虑的计划，让自己能轻而易举在竞争市场上处于有利位置。你掌握了消息，机会来的时候，你就可以马上有动作。"

虽然并未接受过太多专业教育，但李嘉诚热爱数字。而他从20岁起就热衷于阅读其他公司的年报，除了寻找投资机会，也从中学习其他公司会计处理方法的优点和漏弊，以及公司资源的分布。

如今，不仅李嘉诚的3G手机上每天都会陆续收到全球各个市场的3G业务发展数据，他还热爱广泛阅读年报。他自称可以对集团内任何一间公司近年发展的数字，准确地说出90%以上的数据："看一看便能牢记，是因为我投入。"李嘉诚还有一种才能：他能将大量复杂信息分解为相对简单的几个问题。

李嘉诚在一次演讲中举例道："1999年，我决定把Orange出售，也是基于我看到移动通信技术的进步和市场的转变，当时我看到3个现象：1. 语音服务越来越普及，增长速度虽然很快，但行业竞争太大，使得边际利润可能减低。2. 数据传送服务的比重越来越大，增长速度的百分率比语音要高很多。3. 在科技通信股热潮的推动下，移动通信公司的市场价值已达到巅峰。

"3个现象加在一起，让我看到流动电话加互联网是一个重要的配搭，潜力无限。所以我把握时机，在现有通信技术价值最高的时候，决定把Orange卖出去，再把钱投资在更切合实际需求的新科技领域上，例如第三代流动电话。"

直到现在，每天早晨，李嘉诚都能在办公桌上收到一份当日的全球新闻列表。根据题目，他选择自己希望完整阅读的文章，由专员翻译。通常，这些关于全球经济、行业变迁的报道，是启发李嘉诚思考的入口。

至于李嘉诚2008年开始关注哪些新的产业，李嘉诚在接受《全球商业》采访时表示：

"我昨天开会，讲到Facebook（脸书）。从最初的几家大学开始，有人说2011年还是2012年才达到4800万名用户，其实这公司上个月已达4500万活跃用户，但是如果你没有这个information（信息）的话，要分析Facebook，你的资料就不足够。

"所以呢，做哪一行都是，最要紧的就是要追求最新的information，做哪行都是一样。"

把握升浪起点

"心明眼亮"是世界第一CEO杰克·韦尔奇非常注重的一条经商术。李嘉诚也是一个心明眼亮的大商人，他总善于洞察天机，对自己看准的事志在必得。李嘉诚说道："随时留意身边有无生意可做，才会抓住时机，把握升浪起点。着手越快越好。遇到不寻常的事发生时立即想到赚钱，这是生意人应该具备的素质。"

李嘉诚就是这样一个善于把握机遇的人。他创办长江塑胶厂时，香港经济开始由转口贸易型转向加工贸易型。李嘉诚投身塑胶行业，正是顺应了香港经济的转轨。当时塑胶业在国外也还是新兴产业，发展前景广阔。塑胶制品加工投资少、见效快，适宜小业主经营。生产原料从欧美日进口，销售市场迅速扩展到海外。再加上之前的推销员经历，使李嘉诚对推销轻车熟路，第一批产品很顺利就卖出去了。

李嘉诚认为："任何一种行业，如有一窝蜂的趋势，过度发展，就会造成摧残。"

于是，当香港的塑胶业进入鼎盛时期的时候，李嘉诚意识到了行业的危机，开始思考新的突破口。意外发现塑胶花的商机之后，李嘉诚迅速去意大利学习技术，抢得了先机。塑胶花的成功，使李嘉诚赚来了第一桶金。

但塑胶花只是李嘉诚资本原始积累的方式。1960年，香港的经济开始提速，世界各国的冒险家、投机家纷纷涌入香港，李嘉诚再一次敏锐地捕捉到了商机，他发现，随着香港经济和人口的迅速增长，这个弹丸之地的土地资源将会很快出现短缺，地价势必会持续不断地上涨。于是，李嘉诚决定进军房地产业。

在今天，百亿身家的超级巨富，90%是地产商或兼营地产的商人。可当时并非如此，大富翁分散在金融、航运、地产、贸易、零售、能源、工业等诸多行业，地产商在富豪家族中并不突出。这同时意味着，房地产业不是人人看好的行业。

李嘉诚以独到的慧眼，洞察到房地产业的巨大潜力和广阔前景。

当时，恰好有一个经销塑胶产品的美国财团，为了得到充足的货源，愿意以300万港元的高价加盟塑胶厂。李嘉诚盘算他的厂子就是再经营三五年，也不一定能赚到200万港元，于是他毅然决定与其合作，同时，他又抽出一笔资金开始踏入房地产业。1968 年，香港经济开始复苏，房地产业显现出了巨大活力，李嘉诚分到了房地产业最大一杯羹，个人资产迅速翻番。

迅速抓住商机，是李嘉诚的一个成功要诀。李嘉诚收购香港希尔顿酒店的案例更为经典。希尔顿酒店位于中环银行区，占地约 3.9 万平方英尺，房间达 800 间。

1977 年，长实以 2.3 亿港元收购希尔顿酒店所属的永高公司，整项交易用时不到一周。这是长实上市后第一个重大收购案。

李嘉诚向外界叙述了收购发生的过程："能买下希尔顿是因为有一天我去酒会，后面有两个外国人在讲，一个说中区有一个酒店要卖，对方就问他卖家在哪里，他们知道酒会太多人知道不好，他就说，在 Texas（德州），我听到后立即便知道他们所说的是希尔顿酒店。酒会还没结束，我已经跑到那个卖家的会计师行（卖方代表）那里，找他的 auditor（稽核）马上讲，我要买这个酒店。

"他说奇怪，我们两个小时之前才决定要卖的，你怎么知道？当然我笑而不答，心自闲，我只说：如果你有这件事，我就要买。

"我当时估计，全香港的酒店，在两三年内租金会直线上扬。（卖家）是一间上市公司，在香港拥有希尔顿，在巴厘岛是 HyattHotel（凯悦饭店），但是我只算它香港希尔顿的资产，就已经值得我跟它买。这就是决定性的资料，让这间公司在我手里。"

这起生意难道没有别的竞争者？李嘉诚在接受《全球商业》采访时表示："一、因为没有人知道，二、我出手非常快，其他人没这么快。因为我在酒会听到了，就马上打电话给我一个董事，他是稽核那一行的，我一问，他和卖家的稽核是好朋友，马上到他办公室谈。

那笔交易我买过来后，公司的资产一年增值一倍。"

将复杂分解为简单

李嘉诚有一种才能：他能将大量复杂信息分解为相对简单的几个问题。

比如，在 1999 年时，就"如何在移动通信业保持公司的高速发展"这样一个问题，太多的条件与变化让找到标准答案十分困难。但李嘉诚将现实拆解为两大类问题：其一为市场本身究竟在如何变化？其二为 Orange 是否有实力通过并购提升自己？

在第一个问题下，他得出三个判断：话音业务的竞争过于激烈、数据业务的增长迅猛、网络热潮已让移动通信公司的市值达到巅峰。而对于希望开展并购的公司管理层，他也提出四个相对清晰的条件：收购对象的现金流动需稳健；完成收购后，Orange 负债率不得提高；和黄需对 Orange 保持 35% 的控股权；获得收购公司的绝对控制权。

前一个问题说明顺应技术转型势在必行，后一个问题则难以在四个条件下实现，两相结合，李嘉诚迅速将和黄在 Orange 约 45% 的股权售出，获得了 146 亿美元净利。虽然这一大交易引发了对李嘉诚持续不断的争议——他是一个交易者还是一个建造者？——但在亲近之人看来，"为建造而交易，不和自己的资产谈恋爱，正是李先生对自己没有局限的一个体现"。

除了经验和直觉，这种判断力还可以被解释为，他是个无穷尽的提问者。甚至在圣保罗中学与学生交流时，他还会发问道：你们每天都会坐下来玩两三个小时的电脑游戏，有没有想过整个游戏产业的发展过程是怎样的？游戏背后的程序是怎样运行的？

多数时候，李嘉诚每天 6 点下班，回家后，除了拨打越洋电话，他还有必修功课：夜晚的阅读。除小说外，他广泛涉猎各种书籍，并每阶段设定一个主题。这意味着：他最大的恐惧在于不愿错过见证世界的变化。[①]

集中发挥优势

林肯在竞选总统时，他的贫苦出身让他处于劣势，但是他用这个特点拉近了与中下层选民的距离。

林肯没有专车。他买票乘车，每到一站，朋友们就为他准备好一辆普通马车。他发表竞选演说时说："有人写信问我有多少财产。我有一个妻子和三个儿子，都是无价之宝。此外，我还租了一间办公室，室内有桌子一张，椅子三把，墙角有大书架一个。架上的书，每一本都值得细读。我本人既穷又瘦，脸很长，我实在没有什么可依靠的，唯一可以依靠的就是你们。"

凭借这种扬长避短的才能，林肯成为美国总统，却又受到新的挑战——美国内战。1861 年，美国南北战争爆发以后，林肯曾先后任用了五位将领，当时他按照传统的所谓"完人"的标准，要求所有将领必须没有缺点。然而，出乎他的意料，北军的每一位"无缺点"的将领皆被南军打败。

---

① 张亮. 你所不知道的李嘉诚：神话与误读背后［J］. 环球企业家，2006.

后来，林肯总结了教训，撤换了一些将领，宣布任命格兰特为总司令，他手下的人十分担心，私下忠告他说："格兰特嗜酒贪杯，难当大任。"然而，林肯已从以前用将的失误中认识到选拔将领不能只求"无缺点"，应该把有独特军事才能作为选拔将领的首要依据。格兰特虽然在生活上有嗜酒的缺点，但他有超高的军事指挥才能，后者是他任职的主要方面。于是，林肯回答："如果我知道他喝什么酒，我倒想送他几桶。"历史事实证明，起用格兰特为帅，对击败南军，废除奴隶制，平定内乱起了重要作用。林肯用人决策可说是抓住了事物的主流和本质。对于格兰特，林肯深知他的优点和缺点。在当时的情况下，格兰特出色的军事才能是十分难得的，是大局所急需的，而嗜酒贪杯，当然是一种恶习，但这只是次要方面，完全可以经诱导而不致误事。林肯扬长避短，知人善任，获得了南北战争的最后胜利。

华为创始人任正非告诫员工要扬长避短，集中发挥优点。

"员工不必为自己的弱点而过多的忧虑，而是要大大地发挥自己的优点，使自己充满自信，以此来解决自己的压抑问题。我自己就有许多地方是弱项，常被家人取笑小学生水平，若我全力以赴去提升那些弱的方面，也许我就做不了 CEO 了，我是集中发挥自己的优势。"

李嘉诚用屋村计划，扬长避短，进而超越置地。

1979 年长实拥有地盘物业面积已超过置地，而实际价值却大有逊色。李嘉诚很清醒，置地是中区地产大王，地盘物业皆在寸土寸金的黄金地段，而长实在黄金地段的物业寥寥无几。虽然在面积上看来，长实超过了置地，但在物值上依然相差甚远，要完全战胜置地，还有很长一段路要走。置地的优势，是单位面积的价值高。到1986年1月，长实市值仅为77.69亿港元，远远低于置地的市值（据估计置地市值是150亿港元）。

长实虽然在地铁项目中中标，在中区的发展有了一席之地。但是，李嘉诚依然不急于在中区发展，他更看好中区在九龙尖沙咀以外地界的发展前景。于是他决定独辟蹊径，迂回出击，把发展重心放在土地资源较丰、地价较廉的地区，推出大型屋村计划。

建造屋村有其历史背景。据《李嘉诚全传》一书的记载："1978年，港府开始推行'居者有其屋'计划，采取半官方的房委会与私营房地产商建房两条腿走路的方针。建成的房分公共住宅楼宇与商业住宅楼宇两种，前者为公建，后者为私建；公房廉价出租或售予低收入者，私房的对象以中高消费家庭为主。

"李嘉诚以开发大型屋村而蜚声港九，20世纪80年代，长江先后完成或进行开发的大型屋村有：黄埔花园、海怡半岛、丽港城、嘉湖山庄。李嘉诚由此赢得'屋村大王'的称号。"

兴建大屋村不难，难就难在获得整幅的大面积地皮。李嘉诚有足够的耐心，他不仅坐等机会，在筹划未来的兴业大计时，仍保持长实的良好发展势头。

黄埔花园：低潮时补差价

1981年，李嘉诚就打算推出兴建第一个大型屋村的宏伟计划。1981年元月，李嘉诚正式入主和记黄埔任董事局主席。李嘉诚收购和记黄埔的动机之一，便是土地资源。李嘉诚想将和记黄埔所拥有的大片土地用来建造屋村。

黄埔花园所用的地盘是黄埔船坞旧址。按港府条例,如果要将工业用地改为住宅和商业办公楼用地,就必须补差价。地产高潮时期将工业用地改为住宅和商业用地,需要向政府缴纳大量资金补地价,但是,如果把谈判拖入地产低潮时期,补地价的费用就相对低廉,可以大大降低开发成本。此时正处于地产高潮时期,按当时地价计,该处用地需要补差价28亿港元。李嘉诚认为,补差价的话,成本太高了,遂决定暂缓修建黄埔花园计划。他认为以后地价成本可能会降低,而现在时机不够成熟,他决定耐心等待。这是第一个等待。

两年之后,地产终于出现低潮,李嘉诚这才正式与港府进行谈判。结果李嘉诚仅以3.9亿港元的地价费用便获得该商业住宅开发权。屋村计划尚未出台,李嘉诚已狠"赚"了一笔。

1984年12月19日,中英两国政府签署了《中英联合声明》,香港前景骤然明朗,恒生指数回升,地产市道开始转旺。结合港府"居者有其屋"计划,1984年底,李嘉诚宣布投资40亿港元,正式开始兴建黄埔花园屋村。

李嘉诚与和记黄埔集团共投资数十亿港元兴建黄埔花园屋村。这样宏伟的屋村工程在香港地产业史上是前所未有的,超过政府建的大型屋村,在世界亦属罕见。

据行家估计,整个项目完成以后,李嘉诚及和记黄埔集团获利60亿港元。如此高的回报,实属罕见。

两大屋村:迁址换地

兴建丽港城、海怡半岛两大屋村的意愿,萌动于1978年李嘉诚着手收购和记黄埔之时。之后,经历了长达10年的耐心等待,精心筹划，方于 1988 年推出计划。

1985 年，李嘉诚收购港灯，其实他"醉翁之意不在酒"，他在意的是港灯的地盘。港灯的一家发电厂位于港岛南岸，与之毗邻的是蚬壳石油公司油库，蚬壳另有一座油库在新界观塘茶果岭。李嘉诚收购港灯后，想方设法将电厂迁往南丫岛。这样，李嘉诚运筹帷幄，获得了两处可用于发展大型屋村的地盘。

1988 年 1 月，全系长实、和记黄埔、港灯、嘉宏四家公司，向联合船坞公司购入茶果岭油库后，即宣布兴建两座大型屋村，并以 8 亿港元收购太古在该项计划中所占的权益。这样，李嘉诚又获得了两大屋村，两大屋村最后盈利 100 多亿港元。

人们在称道"超人"过人的胆识与气魄之时，无不惊叹他锲而不舍的忍耐力。

天水围：锲而不舍

嘉湖山庄计划的推出，也历经十年之久。

嘉湖山庄原名天水围屋村，1978 年，长实与会德丰洋行联合购得天水围的土地。

1979 年下半年，中资华润集团等购得其大部分股权，共组公司开发天水围。华润占 51% 的公司股权，长实只占 12.5%。

华润雄心勃勃，计划在 15 年内建成一座可容纳 50 万人口的新城市。李嘉诚当时正为收购和记黄埔而殚精竭虑，因此他无暇顾及天水围的开发工作，而整个开发计划，由华润主持。

华润是一间国家外贸部驻港贸易集团公司，缺乏地产发展经验，亦不谙香港游戏规则。结果 1982 年 7 月,港府宣布动用 22.58 亿港元,收回天水围 488 公顷土地，将其中 40 公顷作价 8 亿港元批给华润旗下的巍城公司，规定在 12 年内，在这 40 公顷土地上完成价值 14.58 亿港元以上的建筑，并负责清理 318 公顷土地交付港府作土地储备。如达不到要求，则土地及 8 亿港元充公。

华润兴建 50 万人口城市的庞大计划胎死腹中，似乎有些心灰。其他股东亦想退出。

李嘉诚看好天水围的前景。经过十年马拉松式的吸股，到 1988 年，李嘉诚终于控得除华润外的 49% 的股权。

1988 年 12 月，长实与华润签订协议，长实保证在天水围发展中，华润可获得大量利润。但是风险由长实承担。这时，离政府规定的 12 年限期已过一半。

李嘉诚表示："有时你看似是一件很吃亏的事，往往会变成非常有利的事。"

然而，这么浩大的工程，居然在不到 7 年时间，于 1991 年完成了，大概唯有长实具备足够的经验及实力。仅仅第一期售楼，华润就赢得协议范围中的 7.52 亿港元的利润。在这个计划中，李嘉诚自己大赚特赚，又让陷入绝境的华润集团坐收渔利，等于是挽救了华润，从而为长实集团与中资的关系奠定了良好的基础。

天水围屋村又创下了一项屋村新纪录，直到目前，天水围屋村仍然是香港最大的私人屋村。

20 世纪 80 年代，李嘉诚先后完成或进行开发的大型屋村有：黄埔花园、海怡半岛、丽港城、嘉湖山庄。李嘉诚由此赢得"屋村大王"的称号。"十年磨一剑"，李嘉诚名副其实。

到 1990 年 6 月底，长实市值升至 281.28 亿港元，居香港上市地产公司之首。一直在香港地产业坐大的置地公司以216.31亿港元屈居第三位。

至此,李嘉诚彻底战败"地产巨子"置地。

长江实业前执行董事洪小莲认为,香港人居住环境可以在过去20多年来有长足的改善,房地产发展商也有一定的功劳,但人们只认为他们很轻易便可赚大钱,例如有些人会说嘉湖山庄这么大型的建屋计划,一定令长实赚到盆满钵满,却忽略了该公司众人在背后花了20年的心血。1978年长实购入天水围地皮后,在酒店设宴款待村民的情景,在她脑海中好像刚发生。

第八章

居安思危，思则有备，有备无患

——李嘉诚谈危机

财富的根基

李嘉诚给年轻人的 10 堂人生智慧课

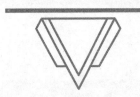

心里头创造的逆境

日本学者戴斯雷里曾说："没有比逆境更有价值的教育。"可以说，失败是一所每个人都必须经历的学校，在这所学校里，每个人都要学会独立思考，学会选择，这一切，都决定你如何尽快从这所学校毕业，而不是待下去或重修这所学校的课程。

从失败中学习非常重要。只有在失败中，才能更好地找到我们所要学习的东西。失败对于李嘉诚来说，或许有过，但如今，都被他所取得的成功所取代。

李嘉诚最让人敬佩的，不是他在香港的成功，而是他在世界上的成功。同为商人的他感慨，在香港这个弹丸之地，成功商人很多，但一旦走上国际化道路，许多人就因不适应铩羽而归。

早在很多年前，李嘉诚就已经不管具体业务，他的时间和精力，基本花在"定坐标"上。

比如说，负债率。李嘉诚对这一指标的控制，近乎偏执。

长实 2013 年的负债比例是 4%，和黄是 21%，位于加拿大的 Husky，负债比例只有 12%。李嘉诚对此深以为豪，"我从 1950 年开始做生意，对负债和贷款问题，我一直非常小心处理，虽然经历过不少风风雨雨，但也一路走了过来。"

　　李嘉诚是一个危机感很强的人，他每天 90% 的时间，都在考虑未来的事情。他总是时刻在内心创造公司的逆境，不停地给自己提问，然后想出解决问题的方式，"等到危机来的时候，他就已经做好了准备"。

　　一个被广为传播的事实是，2008 年，金融危机爆发，而在这之前，李嘉诚已经准确预见，并早已做好了准备，等到危机来临时，集团不但安然无恙，还从中获得了扩张的机会。

　　李嘉诚在创业之初既有成功的喜悦，也有失败的痛苦，而他却总能够从失败中找到一条成功之路。

　　1950 年夏天，李嘉诚用自己多年的积蓄以及向亲友筹借的 5 万港元在筲箕湾租了一间厂房，创办了"长江塑胶厂"，生产塑胶玩具，由此起步，开始了他的创业之路。

　　创业初期，李嘉诚凭着自己灵活的商业头脑，以"待人以诚、执事以信"的商业准则顺利地发了几笔小财。于是，过于自信的李嘉诚忽略了商战中变幻莫测的特点，急切地去扩大他的塑胶企业。由于资金不足、设备简陋，所以资金很快就周转不开了，工厂亏损越来越重。过快地扩张，承接订单过多，加之简陋的设备和人手不足，极大地影响了塑胶产品的质量，迫在眉睫的交货期使重视质量的李嘉诚也无暇顾及越来越严重的次品现象。于是，仓库开始堆满了因质量问题和交货延误而退回来的产品，塑胶原料商开始上门催缴原料费，客户也纷纷上门寻找一切借口要求索赔。

　　从做生意开始就以"诚实从商、稳重为人"处世的李嘉诚，付出的代价是如此惨重，几乎将他置于濒临破产的境地。

　　那段时间，李嘉诚痛苦不堪，每天双眼都布满了血丝，忙着应付不断上门催还贷款的银行员工；应付不断上门威逼他还原料费的原料商；应付不断上门连打带闹要求索赔的客户以及拖家带口上门哭哭闹闹、寻死觅活要求按时发放工资的员工。

一向自信的李嘉诚做梦也没有想到，在他初尝独自创业的成功喜悦后，随之而来的却是这样的灭顶之灾，1950 年至 1955 年的这段沉浮岁月，直到今日，李嘉诚回想起来都心有余悸。这是李嘉诚创业史上最为悲壮的一页，它沉痛地记录了李嘉诚摸爬滚打于暴雨泥泞之中的艰难历程，它用惨重的失败记录李嘉诚成功之路的坎坷和最为心痛的一段际遇。

失败其实并不可怕，最关键的是失败之后是否仍有信心，能否继续保持或者拥有清醒的头脑。像任何身处逆境的人一样，李嘉诚经过一连串的磨难后，痛定思痛，开始冷静分析国际经济形势变化，分析市场走向。

在种类繁多的塑胶产品中，李嘉诚所生产的塑胶玩具在国际市场上已经趋于饱和状态了，已经根本没有足够的生存能力。这就意味着他必须重新选择一种能救活企业、在国际市场中具有竞争力的产品，从而实现塑胶厂的"转轨"。其后，他果断从意大利引进了塑胶花生产技术，并一举成为港岛的"塑胶花大王"。

李嘉诚在 1950 年创业，60 多年来，历经两次石油危机、"文化大革命"、亚洲金融风暴，他的企业却能横跨 50 多个国家，走向日不落。由"塑胶花大王"李嘉诚走向"地产大王"李嘉诚，未来更可能变成"石油巨擘"李嘉诚，每跨入新产业，他虽不一定是产业的领先者，却总能抢占先机。李嘉诚之所以能取得巨大的成功，与他用 90% 时间去考量失败是分不开的。

　　李嘉诚曾说："想想你在风和日丽的时候，假设你驾驶着以风推动的远洋船，在离开港口时，你要先想到万一悬挂十号风球（编者按：香港以风球代表台风强烈程度，十号相当于强烈台风），你怎么应付。虽然天气蛮好，但是你还是要估计，若有台风来袭，在风暴还没有离开之前，你怎么办？

　　"我会不停研究每个项目要面对可能发生的坏情况下出现的问题，所以往往花90%时间考虑失败。就是因为这样，这么多年来，自从1950年到今天，长江实业没有碰到贷款紧张，从来没有。"

　　在李嘉诚看来，能够将失败的因素考量清楚，就可以了解到一家公司、一个机构的弱点在哪里，更清楚地了解细节，这样做便能在事前防御危机的发生。从另一个层面来讲，也是为了更好的成功，这也是三思而后行的道理。

　　"你一定要先想到失败，从前我们中国人有句做生意的话：'未买先想卖'。你还没有买进来，你就应该先想怎么卖出去，失败会怎么样。因为成功的效果是100%或50%之差别根本不是太重要，但是如果一个小漏洞不及早修补，可能带给企业极大损害，所以当一个项目发生亏蚀问题时，即使所涉金额不大，我也会和有关部门商量解决问题，所付出的时间和以倍数计的精神都是远远超乎比例的。"

　　李嘉诚常常讲，一个机械手表，只要其中一个齿轮有一点毛病，这个表就会停顿。一家公司也是，一个机构只要有一个弱点，就可能失败。了解细节，经常能在事前防御危机的发生。

　　之所以要用90%时间去考量失败，可以说是要能全方位地预测风险，这远比时刻去思考如何成功有用得多。对此，李嘉诚曾有一个形象的比喻，他说，可以这样说，就像是军队的"统帅"必须考虑退路。例如一个小国的统帅，本身拥有两万精兵，当计划攻占其他城池时，他必须多准备两倍的精兵，就是六万，因战争启动后，可能会出现很多意料不到的变化，一旦战败退守，国家也有超过正常时期一倍以上的兵力防御外敌。

李嘉诚认为，任何事业均要考量自己的能力才能平衡风险，一帆风顺是不可能的。"过去我在经营事业上曾遇到不少政治、经济方面的起伏。我常常记着世上并无常胜将军，所以在风平浪静之时，好好计划未来，仔细研究可能出现的意外及解决办法。"

李嘉诚一直都在磨炼李泽钜、李泽楷两兄弟。"沙地里长出来的树，要拔起它，你说有多难呢？"

李泽钜年幼时，李嘉诚带他到报纸档口，看一个边卖报纸边做功课的小女孩，要他了解自己以外的世界。

一次，李嘉诚到国外探望读大学的儿子。那日，天下着雨，他远远看见一个年轻人背着大背囊，踏着自行车，在车辆之间左穿右插。李嘉诚心想："这么危险。"再看清楚一点，原来是儿子李泽楷。最初，两兄弟到国外读书，李嘉诚没打算买汽车，只买了两辆自行车给他们代步。自那次目睹险境，他才放弃这个磨炼儿子的方法。

捕捉风险的气息

正所谓人无远虑，必有近忧。未雨绸缪是李嘉诚在商道中制胜的一个"法宝"："天文台说天气很好，但我常常会问自己，如果五分钟后宣布十号台风警报，我会怎样。在香港做生意，就要保持这种心理。"

一个典型的例子是，早在 2006 年，李嘉诚就提醒和记黄埔的高级管理团队，要减少债务、准备好应对危险。直到 2007 年，李嘉诚每次出席业绩发布或股东大会时，总叫大家"量力而为"。

2007 年 5 月，他先为内地股市的泡沫担忧。他以少有的严肃口吻提醒 A 股投资者，要注意泡沫风险。李嘉诚是在出席长和系股东会后作上述表述的。他说，作为一个中国人，我会为内地现在的股市担心。因为一个市盈率 50 至 60 倍的情形，由任何过去的历史来看，结果是会"撞板"（吃亏）的，内地股市绝对是有泡沫的。

就在李嘉诚讲话的半个月之后，"5·30"行情开始拖累 A 股一路暴跌。到了 2007 年 8 月，"港股直通车"掩盖了美国次贷风暴，他更直指美国经济危机会波及香港。

和记黄埔前大班马世民说："他的反应很快。正因为他有良好的判断力，亦即他的强项，他所做的决定通常都是正确的。"

比起在金融危机中栽了跟头的华尔街行家们，李嘉诚的明智并不是来源于任何深奥的理论。恰恰相反，他用了一种过于朴素的语言来解释自己对于金融危机爆发的认识：这是可以从二元对立察看出来的。举个简单的例子，烧水加温，其沸腾程度是相应的，过热的时候，自然出现大问题。

席卷全球的金融海啸使中国富豪们的腰包大大缩水。A 股和港股持续大幅下挫，令杨惠妍、朱孟依等国内财富"新贵"的损失合计超过 1 万亿元；素来经营稳健的中信泰富"中招"累股证，导致荣智健的持股市值在两个交易日内就损失了 66%；绰号"亚洲股神"的"四叔"李兆基曾预测 2008 年秋季恒指将达 33000 点，而他旗下恒基地产的股价数月内跌了 3/4。

回过头看，李嘉诚在对时势的判断上非常准确。一生中曾经历过数次经济危机的李嘉诚在最新这一轮危机中再次证明了他的远见卓识。

知悉李嘉诚的人士表示："李嘉诚是一个很有危机感的人，让他平衡危机感和内心平和的方式就是，提前在心里头创造出公司的逆境，他看到各种报道，然后设想自己公司的状况，找到那些松弛的部分，开会去改变。等他做好准备，逆境来的时候反而变成了机会。"

刘永行是一位颇具危机意识的成功商人，一个很好的例证就是很早他就对希望集团进行精细化管理，使集团在当前激烈的竞争中保持了相对的竞争优势。集团顺利发展时，刘永行却一再提醒公司人员要随时准备资金渡难关、应付危机。

英特尔公司原总裁格罗夫也是一个具有很强危机意识的经营管理者。他有句至理名言："唯有忧患意识，才能永远长存。"据调查，世界百家成功企业的经营管理者，对于企业危机，向来都是持着战战兢兢、如履薄冰的态度。人们常说"逆水行舟，不进则退"，生意场上也是这样。特别是小公司，由于竞争力弱，受市场和外部冲击的影响巨大，稍有不慎就可能破产倒闭。

稳定回报，平衡盈利

著名经济学家郎咸平对李嘉诚的风险防范之道有一番分析。他说：收购或从事稳定回报业务来平衡盈利。稳定回报的业务，能提供稳定的现金流，有助于"兄弟单位"业务发展，整个集团遇到困境时它也能提供援手，还能使财务报告比较好看，借贷、集资都拿得出手。

地产项目一向是"长和系"的支柱，也是李嘉诚在港建功立业之本。地产也是一个可以提供稳定回报的业务。1972 年，李嘉诚将长江地产有限公司（属中小型地产公司）更名为长江实业（集团）有限公司。在他手头，已经积聚了相当的资金。

在 20 多年的经营奋斗实践中，李嘉诚对"资金是企业的血液，任何企业的生存和发展要过的第一关便是资金"的道理，已经有了切肤之痛的深刻认识。他认识到，他所要发展、经营的地产业，也即当今世界认定的"第三产业"，是一个能够产生无形效益，创造巨大财富的产业。

李嘉诚认识到，经济迅速发展的香港需要更多的现代化工业厂房、商业广场和大厦，人数激增的香港市民随着生活水平的提高与收入的增加，也需要有更高档次更为舒适的楼宇居室，这是市场经济和社会发展、进步的需要。尤其是在前些年香港地产市场处于低潮期的时候，他凭借过人的眼光，已经比同行业的人走快走先了一步。1972 年间，他已拥有 35 万平方尺的楼宇面积，还有一批地盘在大兴土木。地产业一直为李嘉诚的商业帝国提供稳定的现金流。

通过收购香港电灯集团有限公司（简称"港灯"），李嘉诚又获得了一个可以稳定回报的业务。李嘉诚决意收购"港灯"，其一，看中了"港灯"发电厂旧址的地皮，可用以发展大型住宅物业，与和记黄埔的地产业务具有协同性；其二，则是由于"港灯"主要经营电力业务，盈利和收入都较为稳定，可以平衡整个"长江系"的收益。并且"港灯"是拥有专利权的企业，不可能会有第二家企业在港岛与其竞争，能确保盈利稳定。

"港灯"于 1889 年 1 月 24 日注册成立，于 1890 年 12 月 1 日向港岛供电。发起人是保罗·遮打爵士，股东是各英资洋行。本是香港十大英资上市公司之一，有着 100 多年的悠久历史。

"港灯"是香港第二大电力集团，另一间是英籍犹太家族嘉道理控制的中华电力集团，供电范围是九龙、新界。"二战"之前，"港灯"坐大，"二战"后，九龙、新界人口激增，工厂林立，中电后来者居上，赚得盆满钵满，还筹划向广东供电。"港灯"是香港第二大电力公司，收入一直很稳定，再加上当时香港政府推出"鼓励用电的收费制"（用电量愈多愈便宜），"港灯"的供电量暴增，收益也自然跟着增加不少。现代社会，无论如何都是离不开电的，故经济的盛衰，都不会对电业构成太大的影响。

反周期的投资策略

经济周期孕育机会，经济增长的周期性，致使很多企业的股票和商品的价格波动也具有周期性。基于这一规律，投资者完全可以在经济周期处于萧条底部时买入合适的企业股票和商品，在经济繁荣时卖出。

　　战国时人白圭，被奉为中国"商祖"。他总结了一套经商致富的原则，即"治生之术"。其基本原则是"乐观时变"，依据对年岁丰歉的预测，实行"人弃我取，人取我予"的反周期投资策略。这与巴菲特的"别人贪婪时要感到恐惧，别人恐惧时要变得贪婪"的投资秘诀基本一致，都是逆向操作，不与人趋。这些都反映了通过经济周期发现投资价值机会而获利的方法。

　　巴菲特在2007年中国之行中明确表示："我通常是在人们对股市失去信心时购买"，"我建议要谨慎，任何时候，任何东西，有巨幅上涨的时候，人们就会被表象所迷惑，我不知道中国股市的明后年是不是还会涨，但我知道价格越高越要加倍小心，不能掉以轻心，要更谨慎。"

　　如此看来，巴菲特是勇敢的"反周期投资者"。但准确地说，他遵循的是"选择性反周期投资策略"，而非传统的反周期投资策略。巴菲特说道："逆反行为和从众行为一样愚蠢。我们需要的是思考，而不是投票表决。"

　　李嘉诚同样遵循着这样的游戏规则，每每在低潮进入，高潮退出；低潮出击，高潮退出；低进高出，低买高卖。这是亘古不变的投资法则，也是投资盈利的本质，然而很多人到了经济低潮却畏首畏尾了。

　　任何一个产业，都有它自己的高潮与低谷。在低谷的时候，相当大的一部分企业都会选择放弃，有的是由于目光的短浅而放弃，还有的是由于各种各样的原因而不得不放弃。这个时候就应该静下心来认真地分析一下，是不是这个产业已经到了穷途末路，是不是还会有高潮来临的那一天。

　　李嘉诚说："这其实是掌握市场周期起伏的时机，并顾及与国际经济、政治、民生有关的各种因素，如地产的兴旺供求周期已达到顶峰时，几乎无可避免可能会下跌；又因为工业的基地转移、必须思考要增加的投资、对什么技术需求最大等等的决定，因应不同的项目找出最快达到商业目标的途径，事前都需要经过精细严谨的研究调查。能在不景气的时候大力发展，在市场旺盛的时候要看到潜伏的危机，以及当危机来临时如何应对，这是需要具备若干条件的。"

1965 年 2 月，香港发生金融危机，银行信用一泻千里，人人自危，为自保，很多投资者疯狂抛售房产，香港房产也一落千丈，房产公司纷纷破产。

1966 年，持续低迷的香港房地产业出现一丝恢复的曙光，地价房价开始回升。银行经过一段时间的休养生息，逐步恢复了资助房地产业的能力。此时，所有郁闷已久的香港房地产商都开始挽起衣袖，准备大干一场。很不幸的是，正当这个时候，中国内地的"文化大革命"开始波及香港，并触发了香港的"五月风暴"。一时间整个香港的人们终日惶惶不安，又一次大规模的移民潮自然而然地爆发。

"移民的人以富人为多，他们在走之前都将自己手中的产业低价抛售，一幢独立花园洋房以 60 万元港币的超低价格贱卖的事情时有发生，而新建成的楼宇却根本无人问津。"李嘉诚认为，内地不可能长期动乱，困难是暂时的。许多港人"弃船他去"，正是"人弃我取"发展事业的大好机会。大多数香港市民需要香港的经济发展和社会安定，而中国政府也在努力维护香港社会的安定与繁荣。世界各国经济的发展也需要香港。香港自有它特有的地理位置和优良的投资、经营环境。并且李嘉诚经由那种从内地群众组织通过多种渠道流传到香港的小报，获取了重要的信息：内地春夏两季的武斗高潮自 8

月起就已经得到有效控制。那么，从这点看来，香港的"五月风暴"也应该不会持续太长时间了。于是，在认定发展方向后，他集中了主要资金和主要力量，趁香港地产低潮时期，大量购入地皮、旧房。

不出所料，还不到三年，香港经济回暖，房地产又欣欣向荣。李嘉诚低价收购的房产身价倍增，李嘉诚高价抛出，获得不菲回报，并趁机购买有发展潜力的楼宇和地皮，在香港房地产占有一席之地。

香港房地产只是李嘉诚反周期策略中的小试牛刀。在之后的经商生涯中，大抄底越来越成为李嘉诚屡试不爽的做强做大法宝：1973年，受中东战争和石油危机影响，石油价格一路飙升，全球经济走下坡路，香港经济受到波及，楼市低迷。李嘉诚趁机再次大量收购优质资产。

20世纪70年代后期，内地实施改革开放，英资怡和在香港的信心出现动摇，李嘉诚趁机与其直接竞争并一举收购和记黄埔。

1979年，李嘉诚入主和记黄埔时，和记黄埔旗下的港口业务只是一块收入有限而且勉强盈亏平衡的生意。但李嘉诚相信以集装箱为主角的全球贸易将成为一个重大趋势，因此，在1982年中英谈判时，即使香港商界民心不稳，李嘉诚仍根据对于局势的判断和对资金的把握，果断投资于香港第6号货柜码头，只用2亿港元就获得了4个泊位。数年后他再竞标面积与6号货柜码头相若的7号码头时，价位已经飙升到了40亿港元。

1997年，香港回归前，香港局势动荡，英资纷纷撤出香港，很多港商逃离香港，生怕香港回归后有什么变数。英资、港资仓皇出逃时，李嘉诚稳坐钓鱼台，坚信回归后的香港会更好，低价接手了外商、港商仓促抛出的资产，再次赚得盆满钵盈。亚洲金融危机爆发，李嘉诚在股市与房市长袖善舞，把抄底之道诠释得淋漓尽致。

1999 年，亚洲金融风暴让众多香港商人折戟沙场，但对李嘉诚而言，这一年却是风调雨顺、商机勃发。这一年 10 月间，海外媒体率先透露了一个消息：德国工业界巨头 Mannesmann（曼内斯曼）正在洽购"和黄"旗下电信公司 Orange。10 月 21 日，李嘉诚宣布："和黄"同意 Mannesmann 有条件收购其所持有的 44.8% 的 "Orange" 股份，涉资 146 亿美元，即 1130 亿港元，以现金、票据及 Mannesmann 的股票支付。3 个星期，李嘉诚个人的身家暴涨 150 亿港元，每天增加 5.5 亿多港元，港人哗然。到现在为止，"Orange" 依旧是李嘉诚最为成功的投资经典之一。

全球金融使人们对世界经济越来越缺乏信心，而李嘉诚则将这种情况视为"投资的好时机"，大胆地进行投资。2008 年 10 月 24 日，李嘉诚收购了香港东亚银行的部分股份。李嘉诚向来表示"人退我进，人弃我取"。在李嘉诚购买股份的消息传出后，东亚银行的客户也迅速恢复稳定。

2008 年李嘉诚旗下公司先后抛售了多项所持的上海物业，被认为是看空上海楼市。当市场普遍认为李嘉诚看淡内地楼市的时候，他却出人意料地杀了个回马枪。在拿下地块两年后，李嘉诚在内地最大的商业地产项目——普陀真如城市副中心项目于 2009 年 4 月 24 日正式开工。低潮期投入、复苏期收获，典型的反周期运作。也只有这些超级巨头才有实力、有可能在这个时候花费如此巨资来投资上海房地产。

李嘉诚带领"长和系"在历次危机中不断壮大，其个人财富也更上一层楼，在 1999 年亚洲金融危机结束之后，他首次坐上了香港首富的交椅。

"人退我进，人弃我取"的反周期投资策略，这是李嘉诚在本土被誉为"超人"的诀窍之一，这一诀窍也被认为带着浓重的投机色彩。在李嘉诚传奇色彩的一生中，他深谙"低谷过后是高峰"的道理，在低潮期以低价入市，到高峰期再以高价脱手也就成为李嘉诚创造"长和系"神话、积累财富屡战屡胜的招数。

"分散投资，分散风险"

李嘉诚曾说：根据投资的法则，不要把所有的鸡蛋放在一只篮子里。他旗下的长江实业与和记黄埔都是经营地产、港口、零售、能源、投资等多种业务的综合性企业集团，并且在全球范围内投资成立合资公司，充分分散了行业风险和地区风险。

李嘉诚表示："我是分散投资的，所以无论如何都有回报。"正如李嘉诚所说，各行各业都有发展规律和周期，横向并购能让不同的业务周期互补不足和相得益彰。企业在产业多元化的道路上往往会碰到一些"铺满鲜花的陷阱"，失败案例不胜枚举。一些企业为回避"多元化陷阱"而专注于产业单一化，希望凭借专业上的至尊地位来抵御市场经济波动的风浪。但更多企业的实践证明：在市场环境不断变动的今天，某一行业的优势也是暂时的、动态的，恰如一面不停移动的靶子，企业必须不停地调整，才有可能保持住自己的竞争优势。

"绝不要对某一项业务情有独钟，这样才能在时机成熟时随时售出。"我们可以看到，李嘉诚的和记黄埔主要有几个核心业务：港口、地产和酒店、零售、能源和电信。但他绝不是简单地多业务投资，他所投资的行业之间，都有很强的互补性。一个行业的艰难时期可以与另一个行业的辉煌时期相互抵消，从而最终达到现金流的稳定，这就是他的最高战略指导方针。

阿里巴巴集团董事长马云表示："有人问李嘉诚为什么投资什么都能成功，做这个做那个，基本都成功，为什么中国绝大多数人都不成功，你能成功？李嘉诚回答说，手头上一定要有一样产品是天塌下来都是挣钱的。因此，不一定要做大，但一定要先做好。星巴克的咖啡卖两三百年，15000家店开到全世界。一定要有独特想法，等你有独特想法再推广也来得及。""李嘉诚讲过，他的多元化经营一定得有一到两个永远赚钱的，才进行第三个。长江实业是他的旗舰，有了长江实业他才有今天。你一定要有自己的旗舰项目。"

"东方不亮西方亮"

清代被称为"红顶商人"的胡雪岩有一句至理名言："做生意顶要紧的是眼光，你的眼光看得到一个省，就能做一个省的生意；看得到天下，就能做天下生意；看得到外国，就能做外国生意。"

日本在经历了战后恢复和艰苦创业后，整个经济在20世纪50年代后进入了高速增长期，国内需求日益高涨，一些日本企业只把眼光放在日本国内市场，满足于眼前的利益。战后刚刚从早稻田大学毕业的井深大与东京工业大学毕业的盛田昭夫创办了日本索尼公司（SONY）。尽管当时公司发展的历史并不长，实力不强，规模也不大，但盛田昭夫的眼光非常远大。他把发展的目光投向了国际市场，代表着战后日本新一代商人的气魄。

20世纪60年代初，已近不惑之年的盛田昭夫意识到日本商人应该走向世界。他在《日本制造》一书中回忆道："当时，我越来越强烈地感觉到，随着事业的日益发展，如果不能将海外市场纳入自己的视野，那将无法造就一个井深先生与我曾憧憬过的公司。"

同样，李嘉诚认识到，面临经济全球化的挑战，只有通过跨国投资迅速扩张自己的经济势力，才能加入世界经济的大家庭中去。舞台大了，机会就会更多。通过跨国投资，不但可使自己的企业王国遥相呼应，互相支援以争取利益，而且在困难的时候，也可以利用"东方不亮西方亮"的规律避开风险。正如李嘉诚所说：根据投资的法则，不要把所有的鸡蛋放在一只篮子里。

1979 年，"长江"购入老牌英资商行"和记黄埔"，李嘉诚因而成为首位收购英资商行的华人。在收购了香港一些企业特别是英资企业之后，李嘉诚开始了大规模的跨国投资。李嘉诚正是在 20 世纪80 年代中期，大举进军海外的。

走出国门，向外发展，也是出于李嘉诚的一些担忧：我们有阴影，就是怕人家说我们两个葵涌货柜码头发展得太大。虽然政府当时没有明言说你做得太大，但你感觉得到，那么，你就要为股东争取最好的回报和出路，你就只好向外面发展。

1987 年 5 月美国《财富》杂志写道："在太平洋上空的一班飞机上，坐在阁下旁边那位风尘仆仆的华人绅士可能正赶赴纽约或伦敦收购你的公司。由香港到雅加达，这些精明的华籍企业家近年赚得盆满钵满，东南亚已再不能容纳这些非池中之物了。在有家族联系的中国，他们已成为最大的海外投资者。时至今日，这些名列世界首富榜的亿万富豪为了分散风险而投资在西方国家。"

"58 岁的李嘉诚先生是最具野心的收购者。在 20 世纪 50 年代初期，他以制造塑胶花开始他的事业。现今，他准备了 20 亿美元（约折港元 120 亿）收购他认为超值的西方公司。"

全球化是 20 世纪八九十年代世界经济的大趋势，李嘉诚抓住机遇，搭上世界潮流的顺风车。跨国投资，李嘉诚的首选目标是加拿大。同时，加拿大也因为李嘉诚的到来而感到庆幸。这是因为，20 世纪 80 年代中后期，加拿大经济面临挑战。然而，此时，仅华人首富李嘉诚一人，就为经济面临衰退的加拿大带来 100 多亿港元巨资。香港众多华商，唯李嘉诚马首是瞻，他的好友，同样是世界级华人富豪郑裕彤、李兆基等，竞相进军加拿大。

1988 年，李嘉诚、李兆基、郑裕彤以及加拿大帝国商业银行旗下的太平协和世博发展公司（李嘉诚占该公司 10% 股权），以 32 亿港元投得"1986 年温哥华世界博览会"会址的一黄金地段地皮，斥资百亿港元，兴建规模庞大的商户住宅群。李嘉诚约占 50% 股权，其余 50% 为各大股东分有。

李嘉诚亦看准中东石油危机这个机会，购并加拿大赫斯基石油公司 95% 的股权，为进行跨国投资建立了一个稳固的根据地。

其实，有关赫斯基，李嘉诚还有许多心结。李嘉诚曾收到一封由中国的学者、讲师、副教授、教授联合签名写的信，信上说：我们第一批中国人来，是建设从加西到加东的铁路，很多人都死了。虽然我们现在的知识水平提高了，我们有职业，有很多的专业人士，可是我们的专业人士一升到工程师，就没有办法再升上去做行政管理者。今天，也有了中国人做大老板，下面有超过 1000 名的外国人是助理员工，我们感到扬眉吐气。谈及此，李嘉诚说："这些海外华人对我说的话我都记在心里，其后那家石油公司业务发展理想，国际投资者也希望向我们收购，但当我回头一想以上种种情形，我便舍不得卖掉它。"

经多年努力，赫斯基公司不但转亏为盈，在 1998 年更成为和记黄埔 7 项业务中 3 个有溢利增长业务的其中之一。

1992 年 3 月，李嘉诚、郭鹤年通过香港八佰伴超市集团主席和田一夫，携 60 亿港元巨资，赴日本札幌发展地产。李嘉诚的举动引起亚洲经济巨龙——日本商界的不小震动。李嘉诚表示，正像日本商人觉得本国太小，需要为资金寻找新出路一样，香港的商人也有这种感觉。一句大家都明白的道理，根据投资的法则，不要把所有的鸡蛋放在一只篮子里。

如今，李嘉诚的海外业务范围包括能源、地产、电信、零售和货柜码头等，投资地区以香港为基地，延伸到中国内地、北美、欧洲及亚太其他地区。

著名经济学家郎咸平对于李嘉诚的国际化战略做出了分析："'长和系'积极地走国际化道路，除了顺应业务规模扩张的需要，更主要的是通过业务全球化来分散其投资风险。不同的市场受经济周期影响会不同，行业竞争程度也不同，市场发展阶段也会有先有后，'长和系'就利用这种地域上的差异来增加其投资的灵活性并降低所承受的风险，确保整体回报始终都令人满意。

"经过不断发展壮大，李嘉诚旗下的长实集团及其附属公司，现已发展成在香港以至世界具有领导地位的地产、国际集装箱货柜码头业和投资发展的举足轻重的集团公司。市值已超过 2700 亿港元。业务经营范围包括地产、金融、贸易、货柜码头、运输业、能源、电力、通信、卫星广播、酒店业、零售业等。李嘉诚及其长实财团的事业走向世界，在亚洲、非洲、欧洲和美洲，均有可观的事业发展。"

2009 年，李嘉诚表示，集团在 50 多个国家有超过 23.8 万名员工。

李嘉诚在国外的投资增加了，但并不意味着他会放弃在香港投资。他说："就个人来说，我对香港只有爱心。我指有爱心的原因是，在外国做得那么好，我依然想在香港做，但有些人乱说什么'李家天下'，这是绝对错误的。我会继续在港投资。事实上，一定以香港为主，有机会一定会先在香港投资。"

坚守"重视现金流"原则

李嘉诚的身边一直保存着他第一块手表的包装盒。李嘉诚说："这里面没有珍宝，也没有秘密，但它却是一个教训。"

这个教训可以回溯至 20 世纪 50 年代李嘉诚创业之初。还在经营塑胶花业务的李嘉诚收到塑胶花买家付款的一张期票，讲求信用的他随即给原料供应商开出一张期票作结数，希望到时买家支付的款项存入自己的账户后，供货商也可兑现李嘉诚的期票。不巧的是，李嘉诚的买家未能践诺，而并不富有的李嘉诚必须为自己的信誉东拼西凑，可惜仍未能凑足所需数目；幸好，他平时会随手把多余的硬币放在那个包装盒里，而这些无意间积攒的硬币竟凑足了不足之数。

这也是李嘉诚重视现金流的最初起因。李嘉诚表示："流动资金，你一定要非常留意。因为有的公司有了盈利,但是没有现金流的时候,就会容易撞板（吃亏）。"

李嘉诚对于现金的偏爱是有目共睹的。重视现金流的最终结果是，旗下和记黄埔多达 69% 的持有资金，以现金形式存放，接近

1190亿港元。其他主要投资则放在最稳妥的政府债券上，而股票投资所占比重相当之小，企业债券、结构性投资工具和累计期权产品则完全没有投资。

大量现金在握，正是李嘉诚多次成功实现大手笔投资的关键所在。例如1979年收购和记黄埔以及1985年买下香港电灯，他都是在极短的时间内调动巨额现金完成的，这令任何一个竞标对手望尘莫及。

1997年亚洲金融风暴之前，香港经济连续多年高速增长，其中，从1994年4月到1995年第三季度，在香港政府推出一系列压抑楼价措施以及美国连续7次调高息率等因素的影响下，香港楼市曾一度进入调整期，住宅楼价下跌约三成。长实在这一年，通过大幅降低长期贷款，提高资产周转率，使流动资产足以覆盖全部负债。

同时，1997年亚洲金融危机爆发前，李嘉诚预知将有危机爆发，于是就聚集大量现金，使得流动资产仍然大于全部负债。正所谓"兵马未动，粮草先行"。

随后的亚洲金融危机使香港股市和楼市受到重大打击，股市一年时间跌幅超六成，而楼市也大幅下跌。1998年香港房地产进入低潮期，这是个非常难得的投资机会，李嘉诚随即行使了"现金期权"。长实在这一时期抓住竞争者所持有现金不充裕的机会，成为竞标拿地的大赢家。他用手中现金以低价大举购入土地，用超低的成本建造房产，待香港经济复苏之后再以高价卖掉。这就是李嘉诚手中时刻保有大量现金的理由，这种策略既降低了经营的风险，又不会错过绝佳的投资机会。

亚洲金融危机爆发后，全球经济进入了漫长的低潮时期。李嘉诚说：我们要利用集团充足的现金流量及稳健的借贷水平，使其建立坚稳的财务实力，同时获得极高的长期信贷评级，这样有利于筹措资金，随时掌握投资机遇，为股东们争取最大的利益，共同渡过难关。

李嘉诚不光是这样说的，也是这样做的。其旗下的公司一直坚守着重视现金流的原则。因此，在2008年全球金融危机到来之后，"长和系"受到的冲击依然很小。

国务院发展研究中心金融研究所著名经济学家巴曙松对李嘉诚非常推崇，他认为李嘉诚其实早在2008年上半年就敏锐地嗅到国际经济的异常气味，随即改变投资策略，暂停了正在实施的重大项目，确保公司资金链不发生断裂。截至2008年6月30日，和记黄埔的现金和流动资金总额已达1822.89亿港元。

2008年，蔓延全球的金融风暴来临后，香港经济也走入一个严峻的寒冬，大部分投资者的腰包都缩水过半，李嘉诚控股的公司股票，市值也大幅缩水上千亿港元。但即便如此，李嘉诚依然表示，他对旗下公司的业务充满信心。那么李嘉诚的信心究竟源于哪里？

著名经济学家郎咸平这样评价道："面对金融危机，李嘉诚的'过冬策略'又是什么呢？我觉得他这个处理方法值得我们国内企业家学习。第一个，他立刻停止了和记黄埔的所有投资，不投资，而且负债比例极低。更重要是什么呢？他手中积累了大量的现金。我算了一下大概有220亿美元的现金，那么这220亿美元当中，70%左右是以现金形式所保有，另外30%是以国债方式所保有，所以非常具有流动性。他为什么这么做呢？准备应付大萧条。这是他目前的企业战略。

"面对这次全球性的金融危机，李嘉诚又一次遵循了'现金为王'

的投资理念。"

现金流、公司负债的百分比是李嘉诚一贯最注重的环节，是任何公司的重要健康指标。李嘉诚认为，任何发展中的业务，一定要让业绩达到正数的现金流。

控制负债是李嘉诚的公司在多次危机中能够规避风险、继续稳定经营的关键。著名经济学家郎咸平分析道："李嘉诚旗下的'和黄系'保有最大的财务弹性。即平时持有大量的现金，保持很低的负债比例——20%左右，关键时刻往上冲，提高负债比例，增加企业的资金，一下子把竞争对手打败。他一生最大的两次投资是'港灯'和'和黄'。他有今天的成就，主要靠这两次成功的收购。一次是香港电灯的收购，当时负债20%不到，竞争对手的负债已经达到90%，李嘉诚把负债从20%上冲到90%，把对手打败；收购成功后，又慢慢把负债降到20%以内，保持充足的弹性。另一次是收购和记黄埔，1979年，李嘉诚从汇丰手中以7.1港元一股购入22%和记黄埔股权，共付出6亿多港元。李嘉诚收购和记黄埔动机之一，便是它的土地资源。1989年和记黄埔纯利30.5亿港元，共获利60.8亿港元，相当于购价的10倍。李嘉诚的弹性靠的是平时积累现金、降低负债，关键时刻加大负债比例来实现'蛇吞象'。"

李嘉诚永远采用极为保守的会计方式，如收购赫斯基能源公司之初，他便要求开采油井时，即使未动工，有开支便报销——这种会计观念虽然会在短期内让财务报表不太好看，但能够让管理者有更强烈的意识，关注公司的脆弱环节。

在1997年亚洲金融风暴之前，李嘉诚的公司非流动资产的比例更高达85%以上。虽然资产庞大，但李嘉诚一直奉行"高现金、低负债"

的财务政策，资产负债率仅保持在 12% 左右。

李嘉诚说："在开拓业务方面，保持现金储备多于负债，要求收入与支出平衡，甚至要有盈利，自己想求的是在稳健与进取中取得平衡。以长江实业为例，其负债比率只有 7%，只要两三个月的营运资金就可完全清偿。我们营运有两份资金，一份资金用于经营，另备有一份资金必须是随时可运用的流动资产。这也是我们随时可以投资、扩张、营运机动的原因。"

因而，在 1997 年下半年亚洲金融危机爆发时，流动资产仍然大于全部负债。这样，无论地产价格跌幅多大，都不至于对"长实"有致命的打击。到 2008 年年底，李嘉诚旗下企业资产负债率仅在 12% 左右。李嘉诚有一句名言："我不欠别人一分钱，因此睡觉睡得好。"经济学家郎咸平对他的评价是："也许很多人会说李嘉诚胆子太小了，但我认为稳健才是李嘉诚成功的法宝。"

"发展中不忘稳健"

很多心理学家认为企业家性格中的一个重要特质就是"有冒险倾向"。管理大师德鲁克并不认同。他在著作《创新与企业家精神》中写道："一位著名的成功创新者兼企业家被要求对此（企业家具有冒险倾向）发表意见。他在以往的25年时间里，凭借一项基于程序的创新，在太空领域创建了一家庞大的全球性企业。他说'我对诸位（各位心理学家）的大作感到困惑，和大家一样，我认识许多成功的创新者和企业家，包括我自己。我从来就不曾具有过'企业家性格'。但是，我所认识的所有成功人士都有一个共同点，而且只有这样一个共同点：他们都不是'冒险家'。他们都会确定所必须承受的风险，然后，尽量将风险化解到最低限度，否则，就没有人会成功了。就我个人而言，如果我想成为一个冒险家，我早就投向房地产或商品贸易了。或者会如我母亲所希望的那样成为一名职业画家。"他的这番话与我自己的体验完全不谋而合，我也认识许多成功的创新者和企业家，他们中没有一个人具有"冒险倾向"。

有些人认为，李嘉诚看起来像个赌徒，在别人认为危险的时候，他进入。然而，正如德鲁克所说的一样，企业家的特质并不是冒险，而是在把握机会的时候，将所要承担的风险降到最低，李嘉诚的成功也正是因为其对风险的审慎态度。

要在无时不有、无处不在的商场竞争中立于不败之地，稳健和进取相结合、谨慎和大胆开拓相联结是一个非常重要的原则。要做到谨慎并不困难，要大胆开拓也不是一件困难的事情。成功的商人与其他人相比较，棋高一招的是他们能将稳健谨慎和大胆开拓结合起来。该进则进、该退则退，这就是李嘉诚在商界能够时时把握住机会不断获得成功的原因。

讲求"稳健中求发展"的李嘉诚，在周末时热爱驾船出海，虽然他开玩笑说，自己"不会去太远的地方"。但从商业角度谈，李嘉诚看似是一个探索未知海域的冒险者：他打破了华人地域性经营的传统生意局限，但是在他每每进入一些高门槛行业，比如油砂精炼、3G电信业务，也让他必须在成熟规则缔造之前，摸索出生存方法。

在进入一个行业之前，李嘉诚都会做足准备。李嘉诚说道："做投资关键在于要做足准备功夫、量力而为、平衡风险。"李嘉诚常说"审慎"也是一门艺术，是能够把握适当的时间做出迅速的决定，但这不是议而不决、停滞不前的借口。

李嘉诚认为，经营一间较大的企业，一定要意识到很多民生条件都与其业务息息相关，因此审慎经营的态度非常重要，比如说当有个收购案，所需的全部现金要预先准备。

李嘉诚本身是一个很进取的人，从其从事行业之多便可看得到。"不过，我着重的是在进取中不忘稳健，原因是有不少人把积蓄投资于我们公司，我们要对他们负责，故在策略上讲求稳健，但并非不进取，相反在进攻时我们要考虑风险及公司的承担。"

李嘉诚初入地产业时，香港地产业还不冷不热。当时，卖楼花大行其道。李嘉诚却"逆"此"主流"而动——谨慎入市、稳健发展：不卖楼花、不向银行抵押贷款、物业只租不售。当挤兑风潮来临时，靠银行输血的地产业一落千丈。地价、房价暴跌，地产商、建筑商纷纷破产。银行界亦是一片凄风惨雨，多家银行轰然倒闭，就连实力雄厚的恒生银行，也不得不靠出卖股权给汇丰银行，才侥幸逃过破产厄运。但李嘉诚损失甚微。

2000年，在已经拿到德国3G牌照的情况下，李嘉诚突然宣布放弃。他的理由是要保持公司业务稳健发展。他强调："在开拓业务方面，我要求收入与支出平衡，甚至要有盈利，我讲求的是于稳健与进取中取得平衡。船要行得快，但面对风浪一定要挨得住。我的主张从来都是稳中求进。我们事先都会制定出预算，然后在适当的时候以合适的价格投资。""发展中不忘稳健，稳健中不忘发展"是李嘉诚一生中最信奉的生意经，他说："直到现在，所有的下属集团单位都采用的是一种保守的会计方式，非常重视集团总体的现金流向，自20世纪50年代以来几乎一直在沿用没有债务的'无债稳健经营'方式，这种方式已达半个多世纪之久。"

李嘉诚投资债券，一来债券与股票相比，风险要小很多，但是持有人只享受比定期存款高的利息，而不能分享公司的利润。但这样更符合他"发展中不忘稳健，稳健中不忘发展"的方针。同时，两条腿走路，游刃余地更大。因此，1990年，李嘉诚购买了约5亿港元的合和债券。另又购买了爱美高、熊谷组、加信等13家公司的可兑换债券计25亿港元。

可以说，稳健已经融入李嘉诚的性格。他曾说，作为一个庞大企业集团的领导人，一定要在企业内部打下坚实的基础，未攻之前一定要守，每一个策略实施之前，都必须做到这一点。

"当我着手进攻的时候，我要确定有超过百分之一百的能力。换句话说，即使我本来有一百的力量便足以成事，但我要储足两百的力量才去攻，而不是随便赌一赌。"

李嘉诚是个极度厌恶风险的人。一个细节是：在长江中心 70 层的会议室里，摆放着一尊别人赠予李嘉诚的木制人像。这个中国旧时打扮的账房先生，手里本来握有一杆玉制的秤，但因为担心被打碎，李嘉诚干脆将玉秤收起，只留下人像。

风险控制："未买先想卖"

李嘉诚从 22 岁开始创业做生意，超过 60 年，从来没有一年亏损，而且还一步步成为华人首富。如何在大胆扩张中不翻船？李嘉诚说道："想想你在风和日丽的时候，假设你驾驶着以风推动的远洋船，在离开港口时，你要先想到万一悬挂十号风球（编者按：香港以风球代表台风强烈程度，十号相当于强烈台风），你怎么应付。虽然天气蛮好，但是你还是要估计，若有台风来袭，在风暴还没有离开之前，你怎么办？"

"我会不停研究每个项目要面对可能发生的坏情况下出现的问题，所以往往花 90% 时间考虑失败。就是因为这样，这么多年来，自从 1950 年到今天，长江实业并没有碰到贷款紧张，从来没有。长江（实业）上市到今天，假设股东拿了股息再买长实，（现在）赚钱两千多倍。就是拿了（股息），不再买入长江（实业），股票也超越一千倍。"

李嘉诚相当强调风险，不过外人注意到的却是长江集团 50 年来，屡屡在危机入市，包含 20 世纪 60 年代后期掌握时机从塑料跨到地产，甚至在印尼排华运动时投资印尼港口等，李嘉诚的大胆之举为何都未招来致命风险？其原因依然是李嘉诚花 90% 的时间考虑失败。

当李嘉诚决心将公司的部分财力倾注于 3G 业务时，他已经有一个几年内可能亏损的数字预期，并依此要求地产、港口、基础设施建设、赫斯基能源等几块业务将利润率提高，将负债率降低到一个风险相对小的程度：2001 年时，赫斯基能源为和记黄埔贡献的利润不过 9 亿港元，到 2005 年已经升至 35 亿港元，同一时期，原本利润维持在一个稳定区间的港口业务和长江基建的利润分别从 27 亿变为 39 亿港元，及 22 亿港元变为 34 亿港元。虽然 3G 投资巨大，但是到 2006 年 6 月底时，和记黄埔的现金与可变现投资仍有 1300 亿港元。

李嘉诚说道："你一定要先想到失败，从前我们中国人有句做生意的话：'未买先想卖。'你还没有买进来，你就应该先想怎么卖出去，失败会怎么样。因为成功的效果是 100% 或 50% 之差别根本不是太重要，但是如果一个小漏洞不及早修补，可能带给企业极大损害，所以，当一个项目发生亏蚀问题时，即使所涉金额不大，我也会和有关部门商量解决问题，所付出的时间和以倍数计的精神都是远远超处比例的。我常常讲，一个机械手表，只要其中一个齿轮有一点毛病，你这个表就会停顿。一家公司也是，一个机构只要有一个弱点，就可能失败。了解细节，经常能在事前防御危机的发生。"

花 90% 的时间来考虑失败，可以说是全方位预测风险的能力吗？为什么这件事比思考成功关键来得重要？李嘉诚表示："可以这样说，就像是军队的'统帅'必须考虑退路。例如一个小国的统帅，本身拥有两万精兵，当计划攻占其他城池时，他必须多准备两倍的精兵，

就是六万。因战争启动后，可能会出现很多意料不到的变化，一旦
战败退守，国家也有超过正常时期一倍以上的兵力防御外敌。任何
事业均要考虑自己的能力才能平衡风险，一帆风顺是不可能的，过
去我在经营事业上曾遇到不少政治、经济方面的起伏。我常常记着
世上并无常胜将军，所以在风平浪静之时，好好计划未来，仔细研
究可能出现的意外及解决办法。"

最高境界："见好即收"

李嘉诚之所以能够成功，还有一样我们一定要学习的，就是"见
好即收"的投资策略。

在 1998 年长江集团周年晚宴上，李嘉诚说了一句座右铭："好的
时候不要看得太好，坏的时候不要看得太坏。"

这是对他多年来"见好即收"策略的最佳注解。这正是李嘉诚
做生意的最高境界，也就是"拿得起，放得下"。歌德说得好："一
个人不能永远做一个英雄或胜者，但必须永远做一个人。"这里，"做
一个英雄或胜者"，指的便是"拿得起"时的状态；而"做一个人"，
便是"放得下"时的状态。李嘉诚正是善于把握"见好即收"，才使
他在商场上立于不败之地。

什么是"见好即收"？譬如有些人在股票市场，买入了一只股
票，买价是 1 美元。之后，这只股票真的上升，投资者当然满心高兴。
这股票假设由 1 美元升至 1.3 美元，这位投资者赚了 30%，算是不
错。但很多投资者在这种情况之下，都会认为，倒不如让股票继续升，

岂不是赚得更多？于是这些投资者通常会继续持有这些股票。越涨得多，一些投资者就越不愿意将股票卖出。

到底股票获利多少、在什么价位抛售会比较合理呢。是 20%、30% 还是 50%？各种意见不一。有人认为"应该挣足，不获得全部的胜利，坚决不走人"。实际上，国际上著名的量子基金每年平均回报率也才 23% 左右。

其实具体来讲，一要看大势，二要看个股，三要看价位。大势不好的时候，别说有 20% 的利润，就是要获利 10% 也很难，所以应该坚决离开股市，耐心等待空仓，等待机会。如果股票是好股票，并且是处于大势上涨的时间段，就不妨大胆地等一下。所以，在什么价位购买是很重要的，要注意巨大的风险。

在投资市场上，很多投资者本来是可以赚到一倍利润的，但由于贪心，不仅没有赚，反过来蚀了很多。这是因为他们不懂得"见好即收"的道理。

见好即收，是李嘉诚在商场经常运用的原则。

李嘉诚曾经经营塑胶用品，之后，在这个市场最兴旺之时，就见好即收，转到塑胶花。之后，在塑胶花市场最兴旺之时，李嘉诚也见好即收，转为香港的房地产业。这些都是"见好即收"的最典型例子。

李嘉诚投资海外的几次大行动，有成功也有不利，收购成功，就控得该公司，如果收购难度太大，则见好即收，赚一笔就走。1987 年，李嘉诚与马世民协商后，以闪电般的速度投资 3.72 亿美元，买进英国电报无线电公司 5% 的股权。李嘉诚成为这家公众公司的大股东，却进不了董事局。原因是掌握大权的管理层，提防这位在香港打败英国巨富世家凯瑟克家族的华人大亨。1990 年，李嘉诚趁高抛股，净赚近 1 亿美元。

1994 年，和黄以 Orange 品牌在英国推出 PCS 流动电话服务，并于 1996 年成功在英国上市，获得 46 亿港元收益。更厉害的是，李嘉诚没有死抱 Orange 不放，反而于 1999 年一次将 Orange 全部股权售予德国电信公司 Mannesmann（MMN），获利 1130 亿港元，破了香港开端口以来的公司赚钱纪录。

见好即收，在李嘉诚投资生涯中，使他获得无数次成功，这真是神来之笔。能够在商场之内，可发可收，就真的是一个成功人物。李嘉诚当然能够在这方面做到至为出色。

马云：要有眼光、胸怀、实力

1999 年我到美国去选购服务器，我希望我们的每个服务器都安全稳定。当时很多人说，我给你推荐一家好的公司——雅虎。说，我准备了一项服务，我们的服务是很贵的，但是我们很好的。我说很贵的东西都是烂的，互联网时代都是找便宜的。我问他，你觉得你们公司怎么样？他说，我们的公司是我的生命，除了我女儿以外，我们公司是我最珍贵的。我很赞同他的那句话，我当时就想：我一定要找一个把自己的公司当作生命的人，把它当成生命当中非常重要的部分。有这种员工在，我们公司也肯定会发展的。我们很多人因为肩负着责任，哪怕自己不好也不肯离婚。但是，即使你不相信自己、不认可自己、不保护自己，但是一定要保护我们的企业文化。其他的事处理不好没有关系的，分手。加入今天任何一家企业你不愿意承担责任，那你也是不能做长的。而且，你不能做好的话，你一定也会受到惩罚的，这只是个时间的问题。而且到时候比想象的还可怕。

我们知道管理 500 个傻子是很容易的，但是，如果是 500 个聪明人是非常难的。这 500 个人，每个人都有自己的想法，大家都觉得人家是傻子，自己聪明的话，那就变成世界都是傻子了。那就要看管理者是怎么管理自己的国家、自己的企业的。我想先给大家讲，怎么做一个领导者：第一是眼光，第二是胸怀，第三是实力。

眼光

眼光非常重要。你（作为一个领导者）要比别人看得远、比别人看得透，你要看到别人看不到的东西。领导者是什么？领导者就是别人能把你取代的时候，你必须看到希望；在信心百倍的时候，你必须看到灾难。

大家知道 2008 年 7 月的时候，奥运会要开了，但是经济危机来了。如果想着阿里巴巴是不是要死了？为什么我们看不到希望呢？为什么我们会有这种悲观的论调呢？

第一，阿里巴巴掌握了全中国全世界的很多的商业信息，所以我们知道中小企业的问题，这是我们感受出来的。

第二，我们感受到这一次的灾难太强大了。1997 年我们遭受了一些灾难。在我们股市开始热起来的时候，我要到香港入市，我想到深圳买房子，刚好有人给我打电话，叫我投资房地产。我就投资了，反正那时候是买什么都涨。1996 年年底，全世界都在涨的时候，我感觉到冬天要来了。全世界都在判断一件事情的时候，你要小心了，可能没几天中国经济发生变化了。不过我们要去思考怎么判断，你怎么判断它是不是坏消息。这不是你个人的事情，这个需要国家经历和经济的不断积累。就像当时我们看到，香港回归以后，股票一定要涨。大家都狂热地买，结果 1997 年出现金融危机。从那时候起，我就觉得人类的运气只有一时的。

所以，当所有人的心态好的时候，所有人都判断一件事情是一件好的事情的时候，大家必须静下来，我们要认真观察，要看出与众不同。但是一定要独特，做企业、做任何事情都是这样的，你不能另类，但一定要独步。所以，眼光是领导者在别人没有看到灾难的时候，你看到了；别人没有看到机会的时候，你看到了；领导者的眼光要比年轻人厉害。我们（领导者）要看更多，那就必须到处跑。我可能是在中国CEO中，参加各类活动最多的，因为很多时候我都去的。因为，你去跑了以后，就会知道外面有多少高手。

胸怀

我大学三年级的讲师教了我一句，他说："如果三年以内，你的围棋能下赢我，我就服了你。"结果没有想到，三个礼拜我就下赢了他。我忽然觉得很有意思。从那之后我找全世界的人下围棋。我就找我们外语系的下，七八十个人，打遍全系无敌手。突然有一天一个数学系的来了，他说："马云你这么喜欢下棋啊？我给你介绍一个人，你如果下赢了他，那我就服你。"我说："那我就跟你下啊！"他说："你先跟我小儿子下吧！我是西湖区冠军，我小儿子是他们大学冠军。"结果下了半个小时，他说："我先放你四个子。"那小孩子，像个小猴子一样坐在椅子上跟我下棋。我东南西北都搞不清楚。我才知道还有高手啊！如果你不去看过，你是不知道的。只有看过了以后，我们才知道中国企业和世界企业的区别。

当然输过以后，我心里很痛。现在不是以前了，你跟别人强的比，你才能更强。公司要有自己的文化，那就是胸怀要大，什么样的人才都能接受。所以我觉得领导者要领悟一句话，那就是要集思广益。

我喜欢看电影《梅兰芳》。梅兰芳是孤独的，谁打败了这种孤独，谁就打败了梅兰芳。因为你看得见，因为你坚持，别人也在坚持。你必须这样，那是你走上前面路的过程当中每个人必须经历的，你越往上走，你越孤独。但是，最后你是演员，你必须感受到别人感受不到的，很多人把别人当危机感，但你千万不能把你自己当成危机感。

实力

第三是实力，领导者一定要有实力，这个实力是靠大智慧。你"领导者"最重要的是在危急关头，在灾难面前，你要沉着。我认为"人定胜天"。"定"，就是安定的定，只有你安定下来，你才能战胜自然。

所以，我们说对一切来讲，这三个方面起着至关重要的作用。

第九章

以谦虚的态度为人处世
——李嘉诚谈处世

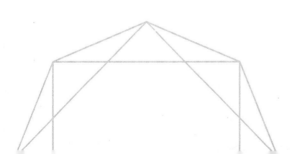

● 财富的根基 ●

李嘉诚给年轻人的 10 堂人生智慧课

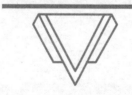

"有容乃大"的胸襟

没有人才的企业不会有长足的发展，优秀的人才是企业的血液，要想使企业不断发展就要不断地为企业注入人才。荀子曾经说过："君子贤而能容罢，知而能容愚，博而能容浅，粹而能容杂。"宽容是人类性情的空间，这个空间越大，人的情绪就越能有转圜的余地，而不会纠缠于鸡虫之争。

海纳百川，有容乃大。李嘉诚心胸宽广，能容天下之事。这是一个大商人的成功姿态。李嘉诚在创业之初，为自己的企业取名"长江"，是取其不择细流，以成其大的特点。随着时间的推移，李嘉诚不仅使长江实业公司如滚雪球一般迅速发展，其用人之道也充分体现了有容乃大的哲理。

李嘉诚在诠释公司名字的由来时作了这样一番陈述："'长江'取名基于长江不择细流的道理，因为你要有这样旷达的胸襟，你才可以容纳细流——没有小的细流，又怎能成为长江？只有具备这样博大的胸襟，自己才不会那么骄傲，不会认为自己样样出众，进而承认他人的长处，得到其他人的帮助。这便是古人说的'有容乃大'的道理。假如今日，没有那么多人替我办事，我就算有三头六臂，也没有办法应付那么多的事情，所以成就事业最关键的是要有人能够帮助你，乐意跟你工作，这就是我的哲学。"

李嘉诚的核心理念是"长江不择细流"，"有容乃大"。同样这种理念也体现在用人上，那就是可以容忍手下人犯错。

李嘉诚从来不怕下属犯错。他曾经对公司的高级管理人员说，任何人都会对自己部下犯错误感到不痛快，但是这样能解决问题吗？管理人员就应该为员工的错误交学费，只有付出代价才会感受深刻，降低犯错误的概率。

在公司内部，员工都非常钦佩李嘉诚并没有因为他们一次的失误，就让他们失去了做事的机会；相反，李嘉诚心胸宽广，不但会帮助员工找出存在的问题，还会要员工从中吸取教训。

有一次，公司的一个年轻经理和外商谈判。结果，外商非常傲慢无理，根本不把部门经理看在眼里，对合同的条款一再地挑三拣四。也许是没有经验，也许是不够冷静，年轻经理没有顾及公司的形象就和外商在谈判桌上吵起来，合同最后也没有签下来。

李嘉诚知道这个事情后，叫人把年轻经理找来。年轻经理心想："这次把生意谈砸了，还和客户大吵起来，肯定被李嘉诚痛骂。"哪知道走进办公室后，李嘉诚根本没有批评他，而是让他回去好好地总结一下教训，以后多注意一下谈判的技巧，为下次的谈判做好准备。

年轻经理以为听错了，但李嘉诚斩钉截铁地告诉他："你已经和客户打过交道，对具体的事务也比较了解，没有人比你更适合担任这份工作。"

果然，年轻经理没有让李嘉诚失望，成功地与外商签订了协议。

李嘉诚从来心胸宽广，允许下属犯错其实也是为了提拔年轻人。

李嘉诚说道："经营企业哪有不承担风险的，如果只担心风险，不给年轻人锻炼的机会，那公司在10年或20年后还能靠谁呢？现在冒点风险，就是为了避开以后的风险，让他们年轻人放手去做吧，我们就是他们的坚强后盾。只要有能力，就要给他们机会。"

在李嘉诚的公司里，曾经有一个工作了10多年的中级会计，因为患了青光眼，而没有办法继续工作，此时公司规定限度的医疗费用都已用完了，人生压力之大，可想而知。李嘉诚知道后，说了两句话，"第一，我再支持你去看病；第二，不知道你太太的工作是否稳定，如果不稳定的话，可以来这里工作，我可以担保她一份稳定的工作。你太太有一个稳定的工作，你就不用担心收入和生活了。"

后来那位患病的会计接受了医生的建议，到新西兰去退休。事情本来应该过去了，然而难能可贵的是，多年来，每当李嘉诚在报章上看到有关于治疗青光眼方面的文章，就会叫下属把那些文章寄往新西兰，寄给那位患有青光眼的会计，看看他知道不知道这个消息，知不知道这些新的治疗方法。

那个会计的全家都很感动，他的孩子们都很小，可能还不到10岁，但是孩子们自己用手画了一个祝福卡，送给李先生，一张薄薄的卡片，说的却是一个大写的"人"字。

美国《财富》杂志评论说："李嘉诚极为重视借助专业经理人才帮助他完成宏图大业。"李嘉诚认为，企业家用人，首先要有"海纳百川"的容才之量。古言说得好，此处不容人，自有容人处。企业家有容纳人才的心胸，才能吸引人才，任用人才，否则，人才就会离他而去。李嘉诚不希望别人称呼他为老板，他更愿意以"领袖"要求自己。"一般而言，做老板简单得多，你的权力主要来自你的地位，这可能是上天的缘分或凭着你的努力和专业的知识。做领袖就比较复杂，你的力量源自人性的魅力和号召力。"在一次接受访问时，李嘉诚曾这样自我解答，"做一个成功的管理者，态度与能力一样重要。领袖领导众人，促动别人自觉甘心卖力；老板只懂支配众人，让别人感到渺小。"

李嘉诚是一个很感恩的人，心胸宽广，不会生气。

一位采访过李嘉诚的记者写道：李嘉诚的心胸之大——收购和记黄埔此等之事一直秘不外宣，甚至自己的老婆也不知道，一切都自己心算——是撑出来的：丧父、养家、肺病、贫穷……当一个人在自己 15 岁左右经历这一切挑战而没有被打垮，他就没有什么是不能承受的了。

2013 年 3 月，香港国际货柜码头发生罢工事件，工人们在长实门前扎起帐篷，拉起横幅抗议，李嘉诚的照片被画上魔鬼的红色双角和白色獠牙，额头上还被写上了"奸商"两字。因为要从门口进出，李嘉诚看到也非常不高兴，但几个小时之后，他就开解了，李嘉诚和他们开玩笑说，哇，这个上面，把我的脸画得还是笑的。

"成就加上谦虚"

李嘉诚曾经在汕头大学讲过一句话："成就加上谦虚，才最难能可贵。"

2006 年 4 月，30 多位中国内地著名的企业家在香港集体拜谒李嘉诚。"我以前只是感觉他在商业上很成功，这次面对面地交流，感觉他的成功是在做人上。"汇源董事长朱新礼说。从香港回来，他一直想写篇文章登在企业内刊上，"给厂长经理讲讲这么大的企业家，有那么多财富，却是这么谦虚细心，注重礼节"。

在"地产界的思想家"冯仑看来，体现一个人能力的第一个重要的准则是：谦卑、谦恭、谦虚，以非常柔和的态度包容人生周围所有资源和吸取所有的机会。冯仑在其著作中这样写道："当我见到李嘉诚以后，我要研究李嘉诚为什么成功，开始也是看看书，但是见到他以后，我在李嘉诚身上发现的最重要的品质就是谦虚、谦和甚至谦恭，另外周到、细致，待人上的细节完全地让人感动。

"我们30多个人带着一种朝圣的心情去见李嘉诚。大家知道小人物见大人物，总是夸大别人，压低自己的要求，轻视自己的地位。我们当然是小人物，我们想得非常简单，大人物见我们通常的定律，通常游戏规则是这样：我们先到那儿，大人物没出场，我们急促、热切、紧张地盼望，就像我们在人民大会堂被领导接见那样。

"我们进到长江集团总部的时候，电梯打开时我们很吃惊，李先生在给我们发名片，他已经78岁了，我们也知道可能这个名片并不是他本人，他也不用手机，我们感动的是，他站在电梯口等我们，一个个发名片。然后进到里面以后，大家随意站着，没有事先准备位置，李先生很随意，说大家随便喝一点东西。马云在杭州是大人物，我们到了那儿就是小人物，也是鼓掌请李先生讲几句，李先生说没有准备，那要讲什么呢？他说讲八个字，告诉我们人生经验，这八个字就是'建立自我、追求无我'，突然发现有老外，又用英文讲一遍，还有人说粤语，再用广东话讲一遍，他用心周到，用三种语言都讲了一遍。

"安排我们照了相后坐下来吃饭，我拿的号离他比较近，我觉得比较不错，抽在一桌，比较运气。在一桌的时候，我想他们在说话，我想等会儿在一起，李先生站起来了，他说很抱歉我要到另外一桌，他每一桌多放一副碗筷，他每一桌都坐 4 分钟，他给每个人的机会都是一样的，这个让我们非常的感动。这个东西一定是这样，他不是为我们表演，而是李先生一贯做人这样周到。"

2006 年 6 月，阿里巴巴集团董事局主席马云在做客阿里巴巴直播室时，也说到了当时拜访李嘉诚时的感受："李嘉诚老先生的谦虚，对工作的激情，都 78 岁了，每天早上上班，天天在开会、接待，我是很钦佩的。"

中粮集团董事长宁高宁曾说，其实李嘉诚是一位很谦虚的小学生。何以见得呢？有一次宁高宁在电梯里遇到李嘉诚，还没等宁高宁想出什么天才的话题与他交谈，李嘉诚先说："宁先生，你对最近的地产市道怎么看？"宁高宁自然不相信他对地产市场没有成熟的看法，也不觉得他的问话是完全出于客气，谦虚可能是他的品格。

有一次，李嘉诚参加汕头大学的奠基典礼，本来，他作为汕大创建人，应是当之无愧地在贵宾签名册首页上写下他的名字，但李嘉诚没有这样，而将自己的名字签在第三页上。在这次宴会中，他不论地位高低，都跟每一位宾客敬酒、握手、交谈，的确没有让人产生"隔离感"。李嘉诚先生已是世界上屈指可数的巨富，但他并不骄奢淫逸、大肆挥霍，依然坚持以俭养德、养廉、养身，淡泊宁静、朴实无华。

赚自己该赚的钱

孔子说："富与贵是人之所欲也，不以其道得之，不处也。"（《论语·里仁》）可见，孔子不是反对致富，而是主张正当致富。在市场经济发展的今天，每个人都在追求个人利益的最大化，每个企业也都在追求利润的最大化，从而形成一种促进经济发展的内在动力。这是积极的因素，必须肯定。但是，对于任何事物都不应过分强调，如果只讲功利主义，甚至一切向钱看，不择手段地牟取暴利，既不利于企业的自身发展，也不利于经济的正常运行。儒家强调"义"恰好可以弥补这一不足。

在经营管理当中，李嘉诚汲取了儒家的这一思想，明确提出"君子爱财，取之有道"的经营宗旨。李嘉诚的这种思想由来已久。那是 1943 年的事情，父亲刚刚去世，为了安葬父亲，李嘉诚含泪去买坟地，然而却遇到两个黑心客。他们见李嘉诚只是一个小孩子，于是，当李嘉诚把钱交给他们之后，他们就用客家话商讨着将一块埋有他人尸骨的坟地卖给他。不想，李嘉诚能听得懂客家话。

他震惊地想，世上居然有如此心黑、如此挣钱的人，甚至连死去的人都不放过；想到父亲一生光明磊落，即使现在将他安葬在这里，九泉之下的父亲也得不到安眠的。

李嘉诚深知这两个人绝对不会退钱给他，就告诉他们不要掘地了，他另找卖主。这次教训使得李嘉诚暗下决心：不管将来创业的道路如何险恶，不管将来生活的情形如何艰难，一定要做到在生意上不坑害人，在生活上乐于助人，做正直的人。

李嘉诚在一次面对媒体的访谈时袒露胸襟："我们都痛恨世界上现存的不正义和不公平现象，但我们可带来改变的能力却有局限；然而我深信忠诚、正直、公正无私及同情心是重要和不可替代的价值观。如果有人对你说这些人生观已不合时宜及不适用，这不令我感到惊奇。对于某些人来说，为了追求商业上的成就，或要牺牲以上的价值观，当然，现实中的商业社会需要不断更新求变，但我深信在获取更多赢利及更多效率所带来的巨大压力下，也不应牺牲了我们维护公平及减除疾苦的决心：如果我们选择只为追求金钱及权力，而牺牲人类高尚情操的话，则一切进步及财富的创造都变得没有意义。"

李嘉诚表示，对自己有一个约束，并非所有赚钱的生意都做。有些生意，给多少钱让他赚，他都不赚。因为有些生意，已经知道是对人有害，就算社会容许做，李嘉诚都不做。

在巴哈马，李嘉诚是最大的海外投资商，拥有集装箱码头、飞机场、旅馆、高尔夫球场以及大片土地。巴哈马政府为表示感谢，拿出赌场牌照，作为酬谢的礼物。面对很多商人求之不得，一定可以赚大钱的赌场牌照，李嘉诚婉言谢绝了。李嘉诚说：旅馆的客人要去哪儿我不管，但我的旅馆里，绝对不开设赌场。李嘉诚说：以巴哈马为例，投资了3家酒店、码头、机场等8万多英亩土地，3个高尔夫球场等等，巴哈马政府于是通知我，愿意给我一张赌场的牌照。对此，我在和黄的董事会中要求会议记录写下来，和黄绝对不做赌场。我们的集团，有所为也有所不为，因此通信事业即使市场占有率再高，也不会有垄断的问题。同事说，就算我们不做赌场牌照转让给别人做，每年也有1.5亿元可以免费取得。

对于这件事，很多人包括李嘉诚的一些下属也感到不解。"巴哈马总理对我说，到处都有人盯着我向我要赌场的牌照，你却不要。但这是我的原则。"

李嘉诚的经营理念是：可以赚的钱应该赚，不过要合法合理。可以想办法赚到最后一分钱，但是不能伤天害理。

这是李嘉诚做生意的原则，也是他做人的原则。

李嘉诚对衣、食的要求相当低，他说自己的身体状况良好主要是因为简单，且夜间休息得好。"我每天晚上都睡得很好，因为在名方面我行事谨慎，别人不容易破坏我的名誉，利方面，全部从正道而来。"

"吃亏是福"

李嘉诚的信念是：良好的形象和信誉，本身就是宝贵的财富。为了建立良好的信誉，李嘉诚不惜自己吃亏。他曾说过：有时你看似一件很吃亏的事，往往会变成非常有利的事。以诚待人，不怕吃亏，事事为他人考虑，为他人着想，就是赢得真正友谊的最佳方法。

在"长江"的客户中，有个美籍犹太人马素曾订了一批塑胶产品，打算运到美国销售，后来不知何故，临时取消合同。由于当时塑胶产品市场还比较大，很容易卖出，因此李嘉诚并没有要求赔偿，他对马素说："日后若有其他生意，我们还可以建立更好的关系。"马素深感这位宽厚的、年轻的创业者，是个可做大事的人，于是不断向美国的行家推销"长江"的产品。自此，美洲订单如雪片般飞来。

李嘉诚由此进一步感悟"吃亏是福"的道理。

李嘉诚认为，在生意场上，最好的担保人就是自己。一个人的实力能有效地证明自己值得信赖，如果能直接证明自己值得信任，更容易使别人放心地与自己合作。

李嘉诚在董事会袍金上的做法，成为香港商界、舆论界的美谈。董事袍金是指董事为公司工作的报酬，包括薪金、佣金、花红、车马费等。

1990年，做了四年打工族的李泽楷，在父亲的指令下回港。最初的日子，李泽楷向父亲抱怨他薪水太低，还不及加拿大的1/10，是集团内薪水最低的，都抵不上清洁工。李嘉诚说："你不是，我才是全集团最低的！"

李嘉诚出任10余家公司的董事长或董事，但他把所有的袍金都归入长实公司账上，自己全年只拿5000港元。这5000港元，还不及公司一名清洁工在20世纪80年代初的年薪。以80年代中的水平，像"长实系"这样赢利状况甚佳的大公司主席袍金，一间公司就该有数百万港元。进入90年代，更递增到1000万港元上下。

李嘉诚近30年维持不变，只拿5000港元。李嘉诚每年放弃数千万元袍金，却获得公司众股东的一致好感。爱屋及乌，自然也信任"长实系"股票。甚至李嘉诚购入其他公司股票，投资者莫不紧随其后，纷纷购入，李嘉诚是大股东和大户，得大利的当然是李嘉诚。有公众股东帮衬，"长实系"股票被抬高，"长实系"市值大增。李嘉诚欲办大事，很容易得到股东大会的通过。

对李嘉诚这样的超级富豪来说，袍金算不得大数。大数是他所持股份所得的股息及价值。李嘉诚失去的是数以千万计的袍金，但他得到的是信誉，得到的是人们对他的信任，这是不能用金钱来衡量的，这才是最难能可贵的。

李嘉诚表示，自己一年如果拿 5 亿元港币的薪水都应该没有股东会说什么，但只拿 5000 元港币，目的就是创造好信誉。

在社会上经常会有不愿吃亏、心胸狭窄的人，往往遇事就会无理搅三分，有理更是顶破天，只一味想在是非纷争中攫取最大的利益，往往忽视自己也是这个利益团体中的一员。被私欲和"不吃亏"蒙蔽了双眼，势必要遭受更大的损失，最终失去的反而更多。于是，到头来，"失道寡助"，自己在朋友圈中、同事关系网中成了孤家寡人，得不偿失的时候才猛然发现——自己已经不知不觉地停止了前进的脚步，失去了快乐的动力，最吃亏的反而是"处处不想吃亏"的自己。

专题

李嘉诚：赚钱的艺术

首先，让我回顾一下我与长和系的发展里程碑：

1940 年，因战乱随家人从内地去港；

1943 年，父亲因贫病失救去世，负起家庭重担；

1950 年，创立长江塑胶厂；

1971 年，成立长江地产有限公司；

1972 年，长江实业集团上市；

1979 年，从汇丰银行收购英资和记黄埔集团 22.4% 股份。

我个人和公司都是在竞争中成长，很多人只看到我今天的成就，而已经忘记，甚至不理解其中的过程，我们公司现时拥有的一切，其实是经过全体人员多年努力的成果。

2002 年，集团业务已遍布 41 个国家，雇员人数逾 15 万。我个人和公司都是在竞争中成长，我事业刚起步时，除了赤手空拳，我没有比其他竞争对手更优越的条件，一点也没有，这包括资金、人脉、市场等等。

很多人常常有一个误解，以为我们公司快速扩展是和垄断市场有关，其实我个人和公司跟一般小公司一样，都要在不断地竞争中成长。

当我整理公司发展资料时，最明显的是我们参与不同行业的时候，市场内已有很强和具实力的竞争对手担当主导角色，究竟"老二如何变第一"，或者更正确地说"老三老四老五如何变第一第二？"我们今天可以探讨一下。

竞争和市场环境的关系

竞争和市场环境紧密相连，已有很多书籍探讨这题目，我不再多谈。很多关于我的报道都说我懂得抓紧时机，所以我今天想谈谈时机背后是什么。

能否抓住时机和企业发展的步伐有重大关联，要抓住时机，要先掌握准确资料和最新资讯，能否抓住时机，是看你平常的步伐是否可以在适当的时候发力，走在竞争对手之前。

抓住时机的重要因素

知己知彼（Know your Personality）

做任何决定之前，我们要先知道自己的条件，然后才知道自己有什么选择。在企业的层次，要知道自己的优点和缺点，更要看对手的长处，掌握准确、充足资料做出正确的决定。

磨砺眼光（Sharpen your Acumen）

知识最大的作用是可以磨砺眼光，增强判断力，有人喜欢凭直觉行事，但直觉并不是可靠的方向仪。时代不断进步，我们不但要紧贴转变，最好还要走前面几步。

要有国际视野，掌握和判断最快、最准的资讯。不愿改变的人只能等待运气，懂得掌握时机的人便能创造机会；幸运只会降临在有世界观、胆大心细、敢于接受挑战但能谨慎行事的人身上。

设定坐标（Identify your Coordinates）

我们身处一个多元年代，面临四方八面挑战，以和黄为例，集团业务遍布41个国家，公司的架构及企业文化必须兼顾全球来自不同地方同事的期望与顾虑。

我在1979年收购和黄的时候，首先思考的是如何在中国人流畅的哲学思维和西方管理科学两大范畴内，找出一些适合公司发展和管理的坐标，然后再建立一套灵活的架构，发挥企业精神，确保今日的扩展不会变成明天的包袱。

灵活架构为集团输送生命动力，不同业务的管理层自我发展生命力，互相竞争，不断寻找最佳发展机会，带给公司最大利益。完善治理守则和清晰指引可确保"创意"空间。企业越大，单一指令行为越不可行，因为最终不能将管理层的不同专业和管理经验发挥。

毅力坚持（Develop your Endurance）

市场逆转情况，由太多因素引发，成功没有绝对方程式，但失败都有定律：降低一切失败的因素就是成功的基石，以下四点可以增强克服困难的决心和承担风险的能力：

①谨守法律及企业守则；②严守足够流动资金；③维持溢利；④重视人才的凝聚和培训。

结语

现今世界经济严峻，成功没有魔法，也没有点金术，人文精神永远是创意的源泉。企业领导必须具有国际视野，能全景思维，有长远眼光，务实创新，掌握最新、最准确的资料，做出正确的决策，迅速行动、全力以赴。

建立个人和企业良好信誉，这是资产负债表之中见不到，但却是价值无限的资产。

延伸
阅读
1

宁高宁谈李嘉诚

　　20 世纪，担任红筹大班的宁高宁见证了香港回归，经历了金融风暴。在他的带领下，一家专业和清晰的央企逐渐脱胎于往日那个业务庞杂多元的桎梏。他被称为"财技"过人的"红色摩根"：动辄用十几亿元甚至几十亿元的资金收购企业；2007 年，他获得"2007 品牌中国年度人物特别荣誉奖"。在宁高宁的心目中，除了杰克·韦尔奇让他佩服并学习之外，他还对香港的李嘉诚印象深刻，并曾号召华润集团的经理人都要向这位老先生学习。

　　在宁高宁所写的《偶像亦凡人》一文中，他这样说道："有时远距离地看李嘉诚和韦尔奇反而带来很多想象的快乐和智慧，走近了，又觉得他们在许多事上与我们想的也差不多，也是凡人。"

　　在宁高宁看来，韦尔奇与李嘉诚有着共同的特点，他们都"心大"。在《偶像亦凡人》一文中，宁高宁这样说道：

　　"我观察到，心大，想的事大是韦尔奇和李嘉诚的共同特点。韦尔奇要么第一、第二，否则关掉、卖掉……心里想的大不是能成功的充分条件，但是前提条件。

　　"李嘉诚几乎是香港商人中唯一把产业发展到国际的企业家，其实地产在当时已足以让他成为香港前几位的富人，可他在多年前就看到了能源、码头和电信，而且是在全球角度看的，我相信他涉入这些行业的时候，他的财务能力不足以让他很长远地计划这些业务，可这不妨碍他想得很大，直到今天，李嘉诚的公司在全球几乎是唯一的执着大量投入3G电话的企业，3G电话最终能不能达到预想的成功，现在还有不少争论，可它无疑是全球最大的新电信业务的发展计划，它可能不会百分百按原来预想的成功，可它很可能会在推进中，通过不断调整达到某种程度的成功，现在人们对3G业务的看法已不像两年前那样悲观了。总有一个很大的计划在进行中，这是韦尔奇和李嘉诚所领导的企业的共同特点。"

在2000年夏季，和记黄埔出售所持有的美国电信公司声流（Voicestream）的股份，大赚700亿港元。此前，李嘉诚将旗下"橙"（Orange）公司48％的股份卖给德国曼内斯曼公司，获纯利1100亿港元，香港舆论称其为一次"世纪收购"。李嘉诚也认为这是自己1979年收购和记黄埔以来，在商场中最成功的一役，而此次出售声流股份实难与之相比。这着实让宁高宁等人艳羡不已：做商业当如此！

在宁高宁看来，李嘉诚是一位谦虚的小学生，而且十分好学，在他的《种橘者》一文中，他这样提到：

"这位种橘者（李嘉诚）其实是一位很谦虚的小学生，有一次我在电梯里遇到他，还没等我想出什么天才的话题与他交谈，他竟先问：'宁先生，你对最近的地产市道怎么看？'我不相信他对地产市场没有成熟的看法，也不觉得他的问话是完全出于客气，谦虚可能是他的品格，可能是这种品格使他在金融危机之后买了香港公开招标中两幅最便宜的地。

"这位种橘者好像没有上过什么学，可他是一位很严密的经济学教授。在外围投机者冲击港元的时候，有一次大家谈到港币的稳定性，我想用港币的外汇基金发行机制来说明冲击港元的难度,可他说:'宁先生,你说的部分仅仅是指M1(第一种货币供应量,包括现金和存款)。'我不知道这位种橘者是怎样搞清了经济学中的货币供应理论,我想在他从做塑胶花到做卫星电视的过程中,这个M1、M2可能不止一次地让他烦恼过,今天他对货币理论的理解一定比教授来得精确和深刻。"

在宁高宁看来,李嘉诚是一位热情好客的主人。在《种橘者》一文中他曾这样讲道:

"这位种橘者也是一位热情好客的主人。李嘉诚的午餐在香港有名气,可它并不奢华,是主人生活哲学的代表,就像他戴在腕上多年的精工表,很实用,很舒坦。有一次,水果上来是蜜瓜,他尝了一口就说:'对不起,今天的蜜瓜不够甜,可能买瓜的人没选好。'饭毕出门,他定要送下楼、送上车,那种周到让你不能不认认真真地品味。"

以诚待人，召集天下之士

中国古代有孟尝君的故事。孟尝君是深明大义，得到很多客卿相助的典型，他几乎是古代中国崇尚贤能的典范和化身。孟尝君身边有门客三千，其志士能人比比皆是。正因为客卿的相助，孟尝君才能成大事。孟尝君的成功在于他深明大义，以诚待人，使不少身怀绝技的名人高士，纷纷投奔于他的门下，这些高人感念孟尝君的知遇之恩，于是便倾力相报，终使孟尝君功成名就，流芳千古。

李嘉诚在商界以坦诚和守信著称。李嘉诚说："以诚待人是我生活上坚守不移的原则。"

正是李嘉诚那广为传颂的诚信美德，使得众多出类拔萃之才纷纷因他而来、由他而聚，心悦诚服地为李家商业王国奉献自己的聪明才智。

李嘉诚谋事决策的成功，得益于多位顶尖智囊、高参、谋士的长期忠贞不渝的合作。

杜辉廉是英国人，出身伦敦证券经纪行，是一位证券专家。20世纪70年代，唯高达证券公司来香港发展，杜辉廉任驻港代表，与李嘉诚结下不解之缘。被业界称为"李嘉诚的股票经纪"，他是长江多次股市收购战的高参，并经营长江实业及李嘉诚家族的股票买卖。特别是在1987年股灾前夕，为李嘉诚集团成功集资 100 亿港元。

李嘉诚多次请其出任董事均被谢绝,他是李嘉诚众多"客卿"中唯一不支干薪的人。

为了回报杜辉廉的效力之恩,当杜辉廉与梁伯韬合伙创办百富勤融资公司时,李嘉诚发动连同自己在内的 18 路商界巨头参股,为其助威。

以诚待人并处处为他人着想的李嘉诚,便苦心安排要助杜辉廉一臂之力,让杜辉廉自己得以干一番事业。李嘉诚的投桃报李、知恩图报、善结人缘,更使得杜辉廉极力回报李嘉诚,甘愿为李嘉诚服务,心悦诚服地充当李嘉诚的"客卿"和"幕僚"。

20 世纪 90 年代,李嘉诚与内地公司的多次合作,多是由杜辉廉和其他人合作开创的百富勤公司为财务顾问。身兼两家上市公司主席的杜辉廉,仍忠贞不渝地充当李嘉诚的股市高参。

李嘉诚有一个最得力的亲信叫袁天凡。袁天凡的才华在香港金融界路人皆知。尽管两人过往甚密,但袁天凡却多次谢绝了李嘉诚邀其加入长实的好意。李嘉诚并不言弃,仍一如既往地支持袁天凡。在 1991 年荣智健联手李嘉诚等香港富豪收购恒昌行,李嘉诚就游说袁天凡出任恒昌行政总裁。袁天凡于是辞去联交所要职,走马上任。但在 1992 年 3 月,由于荣智健向众富豪收购他们所持的恒昌行其余股份,袁天凡就愤然辞职,表示不再做工薪阶层,要自己创业。1992 年 2 月,袁天凡与杜辉廉、梁伯韬主持的百富勤合伙创办天丰投资公司,袁天凡占 51% 股权,并出任董事总经理,并兼旗下两间公司的总裁。李嘉诚主动认购了天丰公司 9.6% 的股份,以此支持袁天凡。李嘉诚多年来的真诚相待,终于打动了孤傲不羁而才华出众的袁天凡,他应邀出任盈科亚洲拓展公司副总经理。在袁天凡的鼎力协助下,最终令盈科成功借壳上市,使盈科摇身一变成为一家市值上亿港元的股份公司,叫响香港的腾飞"神话"。

袁天凡曾多次公开表示："如果不是李氏父子，我不会为香港任何一个家族财团做。他们（李氏父子）真的比较重视人才。"

企业家应善于任用各方面的"能人"，企业家应该清楚地认识到，手下的人才超过自己的能力越多，越说明你会培养人、使用人，越能够吸引人才；有众多人才凝聚在你身边，你的事业才会不断发展，成就才会不断扩大。

正因为李嘉诚善于把一批确有真才实学的智囊人物团结在自己的周围，"博采天下之所长，为己所用"，从而保证了他每在关键时刻能出奇制胜，化险为夷。

李嘉诚说："决定大事的时候，我就算百分之百的清楚，也一样要召集一些人，汇合各人的资讯一齐研究。这样，当我得到他们的意见后，看错的机会就微乎其微。"

古人云："智莫大乎知人。"人才是事业成功最重要的资本和基础，深受中华传统文化熏陶的李嘉诚深谙此道。李嘉诚如是说：

"人才取之不尽，用之不竭。你对人好，人家对你好是很自然的，世界上任何人也都可以成为你的核心人物。

"人才是根本。长江、和黄集团的用人政策是不分种族、用人唯才，集团全球共有10万名员工，有不少行政人员都是忠诚、对公司有贡献的人才。每间子公司或是转投资公司的高层人员，包括中国、欧美、澳洲、东南亚与印度的各种族都有，我对人信任，再加上有良好的内部制衡，因此集团可以在现有机制上做很好的发挥。"

这么多年，史玉柱一直有一批死党，无论是当初做珠海巨人集团成功的时候，还是中间失败的时候一直都跟随着他。至于为何这些人不计利益，一直追随着他去创业，史玉柱认为："我觉得他们跟我私交都很好，最关键的原因就是我对他们真诚。我对他们首先是真诚，只要你真诚，你在你的言行上必然会表现出来，就是内心对他是真诚的。巨人集团成立到现在，我们没有发生过内讧。即使困难时期我们有一些骨干员工离开了，都会找我谈一次，而且非常的诚恳。"

一个微观管理者为了完成任务有时甚至不择手段，但对一个领导者来讲，真诚是一种美德，是一种原则，更是获得追随者的一种能力。

陈国、费拥军、刘伟和程晨被称为史玉柱的"四个火枪手"，史玉柱在惨败之后，二次创业初期，身边人很长一段时间没领到一分钱工资，但这四人始终不离不弃，一直追随左右。像这样跟着史玉柱的还有近20人，费拥军应媒体要求，提供了一份不完全名单：陈国、程晨、吴刚、贾明星、薛升东、王月红、蒋衍文、张连龙、黄建伟、陈凯、杨波、陈焕然、方立勇、李燃、陆永华、龙方明等等。

第十章

君子爱财，用之亦有道

——李嘉诚谈财富管理

● 财富的根基 ●

李嘉诚给年轻人的 10 堂人生智慧课

"强者的有为"

在李嘉诚看来，生活中，要坚持正确的理想和原则，凭仗自身的毅力和实践信念、责任、义务去做事，这才是强者的有为，也是幸福的源泉。

早在 2005 年 9 月 25 日，李嘉诚在长江商学院首届毕业典礼上致辞："强者的有为，关键在我们能否凭仗自己的意志，坚持我们正确的理想和原则；凭仗我们的毅力和实践信念、责任和义务，运用我们的知识创造丰盛精神和富足的家园；我们能否将自己生命的智慧和力量，融入我们的文化，使它在瞬息万变的世界中能历久常新；我们能否贡献于我们深爱的民族，为她缔造更大的快乐、福祉、繁荣和非凡的未来。"

如果有人要问，李嘉诚事业的最大成功是什么？相信大多数人都会说，是他通过努力所缔造的国际化多元化的庞大的"经济王国"。

然而，令人绝对想不到的是，真正令李嘉诚高兴和钟情的却并非此事，熟悉李嘉诚的人都知道，他最为高兴最为满意的是独立捐资创建汕头大学，他常常念念不忘和钟情的则是汕头大学医学院附属第一医院，以及附属二院，还有汕大精神卫生中心的肿瘤医院。

李嘉诚在汕头大学，曾经说过一句几乎让所有汕大人所传诵的名言："我对教育和医疗的支持，将超越生命的极限。"

对李嘉诚来说，"强者的有为"就是多做善事。李嘉诚说："成功之后，利用多余资金做我内心想做的善事，心安理得，方寸间自有天地。我希望上天或者有高人可以给我指引，告诉我怎样做有助民族和人类兴旺的事，让我能够做得比过去更有意义。不论花多少钱、多少精力，我都在所不惜。"

追求"内心的富贵"

什么是上善若水？老子的意思是说，做人要像水那样。水善于帮助万物而不与万物相争。它停留在众人所不喜欢的地方，所以接近于道。上善的人居住要像水那样安于卑下，存心要像水那样深沉，交友要像水那样相亲，言语要像水那样真诚，做事要像水那样有条有理，办事要像水那样无所不能，行为要像水那样待机而动。

可见，这里的"水"是指一个人的内心，一个人只有内心感觉富贵才是真正的富贵。对此，李嘉诚有着独特的深刻认识和体悟。

在中国人的传统道德观念中，"穷奢极欲"与"为富不仁"是一对孪生子。在一般人看来，大富大贵之后就可以随心所欲地去追求享受，而在富裕之后仍然能够保持原先的简朴生活，实属难能可贵，甚至可以说是为人处世的一种最高境界。

1956年，李嘉诚28岁，创业后六年，已经跻身百万富豪。那时候的他，体会到物质享受的乐趣，西装来自裁缝名家之手，手戴百达翡丽（Patek Philippe）高级腕表，开名车，甚至拥有游艇。他也开始尝试上流社会的玩意。然而在一天晚上，他彻夜难眠。因为他还不到 30 岁，就拥有足够一生开销的钱。

变成富翁后，他却茫然：为什么有钱不如我判断的这么快乐？我这么有钱，身体很好，为什么没有非常快乐？我不喝酒、不赌博、不跑舞厅，我赚再多，也不过如此。财富能令人内心拥有安全感，但超过某个程度，安全感的需要就不那么强烈了。

思索持续到第二天晚上，李嘉诚终于找到答案：人不是有钱什么事都能做到，但很多事，没有钱一点也做不到。将来有机会，能对社会、对其他贫穷的人有贡献，这是我来到世上可以做的。

从那时开始，李嘉诚对金钱有了截然不同的看法，不再重视一般的外表与物质，享受简单的生活。他领悟出：内心的富贵，才是真富贵。

李嘉诚说道："我成长在战乱中，回想过往，与贫穷及命运进行角力的滋味是何等深刻，一切实在是很不容易的历程。从 12 岁开始，一瞬间已工作 66 载。我的一生充满了挑战，蒙上天的眷顾和凭仗努力，我得到很多，亦体会很多。在这全球竞争日益激烈的商业环境中，时刻被要求要有智慧、要有远见、要求创新，确实令人身心劳累。尽管如此，我还是能很高兴地说，我始终是个快乐的人，这快乐并非来自成就和受赞赏的超然感觉，对我来说，最大的幸运是能顿识内心的富贵才是真的富贵，它促使我作为一个人、一个企业家，尽一切所能将上天交付给我的经验、智慧和财富服务社会。"

在李嘉诚看来，所有外界戴在他头上的光环并不是他最引以为豪的，真正令他感到自豪的是一个人内心的那块天地，它是任何东西都无可比拟的。他曾说："其实我自己内心的天地才是令我最高兴的，你有内心的天地，那种阔是阔到世界没有任何东西可以比的。"

李嘉诚不相信什么龙命，也不知道什么叫大富大贵，却相信了只要能勤劳肯干，坚持不懈，定有所成。李嘉诚说："如果说从我14岁开始做推销员，为养家糊口，不得不如此，那已经是亿万身家的我完全没有必要再过简单的生活。但我之所以选择三十年如一日的生活，是因为生活俭朴便是最理想的生活状态。赚钱本身不是一种目的，而是实现人生价值、挑战自我的手段，所以无论我有多少财富，我的生活享受，与30年前无异。"

"你如果看到我吃穿简单，生活简单到100个人当中我敢大胆讲一句，我是最简单的，衣食住行都是简单。只要你自己内心有个世界，人家乱讲你、乱攻击你，你一笑置之。我的世界很阔，才能令我有这种精神，支持我对51个国家和地区的生意都这么投入。"

在李嘉诚看来财富不是简单用金钱来比拟的。"衡量财富就是我所讲的，内心的富贵才是财富。如果让我讲一句，'富贵'两个字，它们不是连在一起的，这句话可能得罪了人，但是，其实有不少人，'富'而不'贵'。真正的'富贵'，是作为社会的一分子，能用你的金钱，让这个社会更好、更进步，让更多的人受到关怀。所以我就这样想，你的贵是从你的行为而来"。

李嘉诚表示："贵是从你的行为而来。所以，如果你去看我们中国很多哲学家，他是讲'贵为天子，未必是贵'，'贱如匹夫，不为贱也'，就是一个普通大众，低下工作者，未必是贱，你天子也不一定是贵。就是看你的一生所做的事、所讲的话，怎么样对人对事，这个是我自己领悟出来的。"

李嘉诚认为，在这个世界上能够帮助到需要你帮助的人，是一个人内心的真实财富。"因为金钱的财富，你今天可能涨了，身家高很多，明天掉下去了，你的财富可以一夜之间变为一半。只有你做出使世人受益的事，这个是真财富，任何人拿不走。"

谈起父亲的教育，大儿子李泽钜感慨万分：

"爸爸很懂得用钱，懂得用钱是指他知道生命中，哪些事情对他重要。他觉得如果能在一生中，帮助那些较不幸的人，不论在医疗或教育也好，他觉得这样做可使他感觉得更富有……我觉得自己很幸运，别人估计不到我们的生活这么简单：但简单不是苦，简单是幸福。"

有一天，李嘉诚住处有一棵大树被台风吹倒横在门口，两个菲律宾工人在大风大雨下锯树，全身湿透。李嘉诚立即叫两个儿子赶快起床，换游泳裤，工人锯树，他们负责把树拖开。

"最重要记得人家与自己同样是人，因环境不如我们，背井离乡到这里工作，今天大风大雨，亦估不到他们在锯树，叫他们穿游泳裤走去帮忙，他们年幼时亦很听话，真的走下去帮忙抬树。"

美国钢铁大王卡内基临死时只给儿子留下很少一点钱，而把绝大部分资产放进了为慈善事业设立的卡内基基金会。现在，美国各地的很多公共图书馆都是用卡内基基金会的捐款建立的。

人类历史上的第一位亿万富翁洛克菲勒终生铭记一句箴言："多挣钱为的是多奉献。"他一生极为俭朴，近乎苦行僧，从童年到去世，没有享受过一天的奢华。取得成功后，他全身心地投入慈善事业，

多方帮助穷人、黑人和为废除奴隶制而斗争。洛克菲勒先后建立了
芝加哥大学和洛克菲勒大学，1909 年又创立了世界上最大的慈善机
构——洛克菲勒健康和教育基金会，生前的捐款高达 5 亿美元。

君子爱财，用之亦有道

用钱的守则："当你赚到钱，等有机会时，就要用钱，赚钱才有
意义。"

李嘉诚说："1957 年、1958 年，我赚了很多钱，那年，我很快乐。"
一年后，快乐换来迷惘，他想："有了金钱，人生是否就可以很快乐
呢？"

左思右想，他终于想通了。"当你赚到钱，等有机会时，就要用钱，
赚钱才有意义。"

跳出了金钱圈套，李嘉诚将悟出来的道理教导儿子李泽钜、李
泽楷。温室里的幼苗不能茁壮成长，他就带他们看看外面的艰辛，
带他们坐电车坐巴士，又跑到路边报纸摊档，看小女孩边卖报纸边
温习功课那种苦学态度。

每逢星期日，李泽钜、李泽楷两兄弟必定跟父亲出海畅泳。然后，
他们要协力上演一幕"压轴好戏"。"他们一定要听我讲话。我带着
书本，是文言文那种，解释给他们听，后问他们问题。我想，到今
天他们亦未必看得懂，但那些是中国人最宝贵的经验和做人宗旨"。

做人跟做生意一样，李嘉诚有自己坚守的原则。"有些生意，给
多少钱让我赚，我都不赚……有些生意，已经知道是对人有害，就

算社会容许做，我都不做"。在滚滚红尘当中，可以辟一处地方安顿好自己的良心，身心亦较舒泰。

香港社会有一股"仇商仇富"情绪，认为地产商加剧了贫富悬殊，李嘉诚直言，自己不仅是君子爱财、取之有道，更加是要用之有道，这样才是社会更全面的动力。

他指出，已把自己三分之一财富捐予李嘉诚基金会，过去30年基金会已捐出超过100亿元，未来10年将捐的钱会较过去30年的更多。被问及社会的"仇商仇富"情绪，他对此表示，自己努力赚钱，同样也努力回馈社会，用钱去做公益，"有许多生意，法律上允许，而可赚钱的，但如我觉得不好我都不做。我勤力赚钱，注重股东利益，但同样勤力花钱，基金会许多项目都由同事很努力地想出来，君子爱财，取之有道，用之亦有道"。

同时，对于有指地产商令香港的贫富悬殊加剧，他说："这个无论我怎么答都会得罪行家，我的防线，真心真意地说，买楼是要量力而为。"他认为，自己有福才会做善事，不可以说是施恩惠。他重申，李嘉诚基金会是他第三个儿子，今日来说亦是他最有钱的儿子，因为它并无负债，且可以24小时取到钱，他于20世纪80年代初成立基金会，承诺捐出自己三分之一财富，是真金白银财富，现时基金会的金额已等于他捐出于50年代开始工作至80年代初的财产，现于内地有5个大型项目正在进行中，过去注重医疗及教育，因教育可减少跨代贫穷。

他续称，基金会同仁好努力，其实在香港都做了很多，但较低调，现时基金会在内地有百多个项目，但所有捐赠项目的大楼都不用他的名字，因他自己一向并不喜欢出名做善事，如捐钱兴建汕头大学，其教学大楼等都没有他的名字，只是在大楼旁立碑。过去基金会超过八成的捐款都用于中国人地方，就是大中华地区。

李嘉诚基金会

七八岁那年，李嘉诚看到爸爸在晚上仍然一丝不苟地改卷，他当时想："老师付出很多，但收获很少。"一个星期六的下午，他开心地走到爸爸身边，跟爸爸说："英文不是很难学，我念给你听。"听罢，爸爸流露出一份伤感。回忆昔日那份伤感，李嘉诚眼角滴着泪珠，说："他知道我很喜欢读书，但当时条件不许可。"于是，教育和医疗就成为李嘉诚日后要实践的梦。每有贡献祖国的机会，他都不放过，尤其目睹人民生活在贫困之中。

李嘉诚少年经历忧患，不足15岁便辍学到社会谋生，深深体会健康和知识的重要。李嘉诚认为对无助的人给予帮助是世上最有意义的事情，教育及医疗两者更是国家富强之本，他也认识到个人力量到底有限，唯有事业成功，才能对社会和国家做更大的贡献。故早年随着事业进展、行有余力的时候，便热心慈善公益，支持内地及香港的教育医疗事业。

李嘉诚只有两个儿子，长子李泽钜是长江集团副主席及董事总经理，次子李泽楷是电讯盈科主席。但李嘉诚说，他心中还有"第三个儿子"，就是他的"李嘉诚基金会"。李嘉诚说："我就算留给两个儿子，他们也只是多了一点；我着力培育'第三个儿子'，是想让更多的人得到多一点。"

李嘉诚告诫所有人，李家的家族成员或基金会的任何其他成员不能在基金会获取任何利益。

1980 年，李嘉诚成立李嘉诚基金会。2006 年 4 月，《胡润 2006 中国慈善榜》在京公布，在 2006 年慈善企业排行榜上，李嘉诚基金会位列第一。

但是，李嘉诚毕竟是企业家，企业也并不是他一个人的，他有义务为他的股东带去利润。有人曾向李嘉诚提出了这样的一个问题："怎样平衡奉献社会与回报股东的关系？"李嘉诚这样回答："作为一家企业，买进来的便宜，卖出去的贵，赚你应该赚的利润，这一点大家都同意。作为一家公众公司，你一定要为股东创造你应该创造的利益，这一点无可厚非。但是基金会不同，基金是我个人拿出来的，每一个铜板都是抽完税后才放进去的。我最大的经济来源是从外国和香港的公司派给我的股息，然后我拿这笔钱放进我的基金会，用在医疗、教育等公益服务中，两者是没有冲突的。"

李嘉诚曾表示自己有两个事业。一个是以长江、和黄为旗舰"拼命赚钱"的事业，在全球 42 个国家聘用了超过 18 万职工，业务步向了多元化；另一个是以李嘉诚基金会为旗舰"不断花钱"的事业。这是李嘉诚长远的事业，对教育、医疗、文化、公益事业做更有系统的资助，体现人生价值。李嘉诚有一个终生的心愿，一个付出重于获取的心愿。李嘉诚说："人生在世，能够在自己能力所及的时候，对社会有所贡献，同时为无助的人寻求及建立较好的生活，我会感到很有意义，并视此为终生不渝的职志。"

作为华人首富的李嘉诚，他是全世界华人企业家的最高旗帜，被人们称为"中国的松下幸之助"，之所以能够赢得世界华人的尊重，不仅仅是因为他建立了一个经营范围包括房地产、港口、电信、能源、零售等行业的商业帝国，更重要的是他和他的"第三个儿子"的故事。

关于这个第三个孩子的由来，李嘉诚在接受 CCTV《东方时空》节目访谈时说："这个我告诉你真的故事吧，有一个晚上，无端端地就想起来，世事难料，你坐飞机也可以出意外，你骤然之间有个疾病，也可以离开这个世界。所以，整个晚上，你就晚上睡不着。临到天将近光的时候，我说傻瓜，为什么要这么艰难？你有这么多不同的投资，不同的事业，你将这个投资拿一部分，给了，当你有第三个孩子就行。如果我多生一个孩子，无论男的、女的，也一样。你也希望他有事业，也希望他有一个基础，那么，你当基金会是你孩子就行了，结果隔天晚上，我跟家里人一道吃饭，我就告诉他们，我说，昨天整个晚上，睡不着，之后，其实我发觉，我另外有一个孩子。我的儿子、媳妇都惊奇了，爸爸你讲什么？我不讲，眼睛就看着我，不知道我究竟要讲什么。我说，睡不着，想起来，如果我当这个基金会是我的孩子，什么担心都没有了，就是先将投资的资产，放进这个基金。那么，你一点都不要担忧，这个其实也可以说，一种启发，这个在我一生是非常重要的一个决定。"

在李嘉诚看来，公益事业是一个永续的事业。曾经有记者问到"这个基金会到底有多大"时，李嘉诚是这样回答的："现在，还是一个外界不知道的秘密，但是，可以讲，也应该有今年做得相当一个大数字，但是，基金会已经足够可以应付了。同时，我自己是定下一个规则，基金会现在已经有的资产，跟它增长的收支是一直不用的，用的，今年它用多少，做多少，捐多少，我是今年一年我就还给它。就是它做多少，跟基金会现在有的是完全无关系，在我健康良好的时候，基金会明年捐的钱都是我额外拿出来的。这个基金会假如今年做 10 个亿，我放进 10 个亿给它。那么有一天真的我离开这个世界之后，我的儿子因为这个事业留给他们，也是非常稳固的事业。这个将来已经想到 50 年后，100 年后，几百年以后的事，因为这个基金会，有的人基金是一年年掉下去，到某个时候，就自然没有了。但是，我现在做这个基金会，是每一年都有增长，不表示它不拿出来做公益事业，如果我今天离开了，公益事业应该不少于我今天所做的。"

多年来，李嘉诚基金会以教育、医疗、文化、公益事业为慈善方向。其中对于教育的投资占 60%，另有 30% 是医疗扶贫和医疗科研。在李嘉诚看来，这都是"对人的能力提升的项目"。

李嘉诚最厌恶假大空的口号和滥竽充数的人，基金内人士最怕是项目做得不好，李嘉诚基金会董事周凯旋笑说，最不需担心的是资金问题："不是因为基金会资金雄厚，而是因为基金会投资委员会主席是李先生本人，李嘉诚亲手完成基金会的每笔投资。"

李嘉诚基金会，用以支持教育、医疗、文化以及公益事业。1981 年李嘉诚创办汕头大学，先后共捐资逾 20 亿港元，该综合性大学设有医学院及 5 所附属医院。此外，基金会还推行了一系列的医疗扶贫计划，其中包括为残疾人装配义肢，扫盲复明行动和为兔唇孩子免费做手术，同时还在全国施行"宁养医疗服务计划"，服务对象是贫苦无助的晚期癌症患者。

在李嘉诚基金会的网站上，有这样一段关于基金会的文字：

"李嘉诚少年经历忧患，不足 15 岁便辍学到社会谋生，深深体会健康和知识的重要，认为对无助的人给予帮助是世上最有意义的事情，教育及医疗两者更是国家富强之本，他也认识到个人力量到底有限，唯有事业成功，才能对社会和国家做更大的贡献。故早年随着事业进展、行有余力的时候，便热心慈善公益，支持内地及香港的教育医疗事业。于1980年，成立李嘉诚基金会，一直致力参与公益事业，并透过资助能提升社会能力的项目，达致基金会的两大目标：推动建立'奉献文化'及培养创意、承担和可持续发展的精神。李嘉诚基金会及由李先生成立的其他慈善基金对教育、医疗、文化及公益事业支持的款额达107亿港元。此外，李先生亦推动旗下企业集团捐资及参与社会公益项目。"

李嘉诚也曾说："我现在的事业，是有比较大的发展，但对我来说，我最看重的，是国家教育和卫生事业的发展。只要我的事业不破产，只要我的身体还好，脑子还清楚，我就不会停止对国家教育卫生的支持。"

教育事业

拥有万余平方公里面积，上千万人口的潮汕地区，在20世纪80年代前尚未有一所高等学府，不能不说是一桩憾事。为此，李嘉诚从1980年开始，便出资创办汕头大学。

1986年6月20日上午，时任中共中央顾问委员会主任的邓小平，在北京人民大会堂会见长江实业（集团）有限公司董事局主席兼总经理李嘉诚。

邓小平对李嘉诚捐款兴办汕头大学的爱国精神表示称赞。他对李嘉诚说："你资助教育事业这件事，很值得赞赏，因为教育是一个薄弱环节，很需要支持。你对国家提供的帮助是扎扎实实的，感谢你对国家的贡献。"

邓小平说："我同意你更开放一些的观点。何东昌同志对你的意见都同意，都赞成可以更开放一些，可以聘请外国教授来任教。"

可以说，是李嘉诚的办学热情感动了邓小平。

1990 年，李嘉诚在汕大做了演讲，通过其言谈足可以看出他对教育的重视。他曾说："教育对国家民族的重要性，从世界和历史上许多事例，都可以得到证明。学生就像种子，而学校像土壤，教学的方法和环境，就如同阳光雨露，教学人员，便是栽培灌溉的园丁。种子是否能健全地发芽茁长，而至成为可用的栋梁之材，各方面因素的配合，都起着一定的作用。如果通过教育的途径，能使年青的一代培养爱国的情操、健全的心智、充实的学识和正确的人生观念，从而提高民族的质素，使国家的元气充沛，潜力深厚，则必然可使国家日渐富强。而教育的失败，也意味国家前途的暗淡。当国家了无可用之才的时候，则任何建国兴国的事业也谈不上了。所以，能促使教育的成功，便可对国家社会做出实际的贡献，这是我参与筹办汕头大学的主要动机之一。同时，也觉得很有意义和价值。"

李嘉诚在《我对汕头的希望》一文中，敞开了一个身居海外的中国人爱国报国的诚挚情怀："教育的重要，是国家的兴亡，社会繁荣的关键。甚至一个机构、一个家庭，其成员受教育程度的高低都对其发展前途有着深远的影响。因此，教育事业的发展，直接影响时代的发展。一个国家资源丰富，若人才鼎盛，善于开源节流，则自可克服各种困难，使国家逐渐走向繁荣富强。从历史上看，资源贫乏之国不一定衰弱，可为明证。

"基于这一信念，我深感人才的重要性，只有选拔人才、培育人才和重用人才，才能使国家走向繁荣富强；选才、养才之功有赖教育。教育事业跟不上，国家就会造成人才缺乏。因此，国家各方面发展的快慢，是和教育事业的成败进退有着直接的关联，教育的成败，是国家强弱的根本原因。我认为今日祖国的状况，要使民族素质提高，人民生活改善，从而走上富裕的道路，必须大力发展科技。但要使科技水平提高，则首先要有良好的专业教育，为国家培养大批的有用人才，担负国家重任。"

医疗卫生事业

李嘉诚将基金慈善很大的成分放在医疗和教育上，对此，李嘉诚有着特别的考虑。一次，他在接受央视节目采访时说："其实就医，是一个社会进步，无论你是什么国家、什么政策，就医都是最重要的。就医能够令社会进步，那么，医疗来讲，是一种关怀，这个社会如果是有进步、有关怀，都是好的，比如一个人，意外没有小腿的人，没有两个小腿，还是没有一个，你跟他装配上，他外表你看不出来，但原来两个小腿都没有，穿的裤子，你看不出来，走路也不是太慢，那么，这个人还找到工作，无论如何都是对他一生的影响是非常大的。增加他的信心，增加他的希望。"

据香港媒体报道，汕头大学副校长兼医学院院长李玉光介绍说，1998 年 3 月，与李嘉诚在香港谈及如何解决晚期癌症患者问题，初步酝酿了相关计划。同年 11 月在汕头大学医学院第一附属医院成立了第一个专业机构，由李嘉诚亲自定名为"宁养院"。

"宁养院"确定了"贫困、癌症、家居、免费"的八字方针，表明"宁养院"的服务对象是贫困的癌症病人；服务方式是免费登门服务，有别于住院治疗；服务内容包括药物止痛、心理辅导，帮助病人减轻疼痛折磨，树立尊严。

李嘉诚的公益事业犹如他的商业王国一样，遍布全球，李嘉诚是想"凭着我自己的经验和利用我的资源，为我们的民族打造多层次的社会精神"。2006 年 1 月 20 日，法国总统希拉克在巴黎总统府爱丽舍宫为李嘉诚颁授法国荣誉军团司令勋章，表彰他多年来对社会的奉献、对人道精神的承担和对中国内地、中国香港和法国之间文化交流的支持。希拉克对李嘉诚说："你的慷慨是举世公认的，对法国也不例外。"

曾经有这样一个故事，有一次，汕头大学医学院的院长来到香港，与李嘉诚约好在午饭时间商谈筹建汕头大学医学院眼科中心事宜。而在此之前，李嘉诚的儿子在生意上有一些事要与李嘉诚商谈，李嘉诚说，给你 5 分钟，5 分钟之后我约了汕头大学的人谈公益。

对于那些要用钱的公益项目，一谈两三个小时还嫌少，然而对那些赚钱的生意，却是只给儿子 5 分钟，这就是大富之后的李嘉诚。

从范蠡和富兰克林说起

很多时候传媒访问我，都会问及如何可以做一个成功的商人，其实我很害怕被人这样定位。我首先是一个人，再而是一个商人。每个人一生中都要扮演很多不同的角色，也许最关键的成功方法就是寻找得到导航人生的坐标。没有原则的人会漂流不定，正确的坐标可让我们在保持真我的同时，亦能扮演不同的角色，挥洒自如，在不同的岗位上拥有不同程度的成就，就活得更快乐、更精彩。

不知从哪时开始，"士农工商"这样的社会等级概念，深深扎根在中国人传统思想内。几千年来，从政治家到学者，在评价"商"的同时几乎都异口同声带着贬义。他们负面看待商人经济的推动力，在制度上各种有欠公允的法令历代层出不穷。把司马迁《货殖列传》中所说的从商人士"各任其能，竭其力以得所欲"、资源互通有无、理性客观的风险意识、资本运作技巧、生生不息的创意贡献等正面评价，曲解为唯利是图的表征，贬为"无商不奸"或是"天下熙熙，皆为利来，天下攘攘，皆为利往"的唯利主义者。

当然，在"商"的行列里，也确实不乏满脑袋只知道赚钱，甚至在道德上有所亏欠亦在所不惜，干出恶劣行为的人。他们伤害到企业本身及整个行业的形象。亦有一些企业只懂钻营于道德标准和法律尺度中寻找灰色地带。但更多商人却知道，今天商业社会的进步不仅要靠个人勇气、勤奋和坚持，更重要是建立社群所需要的诚实、慷慨，从而创造出一个更加公平、更加公正的社会。

从小我就很喜欢听故事，从别人的生活经历中有所领悟。当然，这不只限于名人或历史人物，我们周遭的各人各事言行举止，也常常会带给我启发，有些时候，这样的启发更会带来巨利的机会。洛克菲勒（Rockefeller）与擦鞋童的故事相信大家都知道：当 1929 年华尔街股市崩溃前，一个街边替洛克菲勒擦鞋的鞋童，告诉了他一项炒卖股票的所谓的秘密消息。当时洛克菲勒突然领悟到，当擦鞋童亦参与股票市场时，便可能是应该离场的时候了。他随即将股票兑现，从而及时地使其财富得到了保全。

范蠡一句"飞鸟尽，良弓藏；狡兔死，走狗烹"成了他传世的主轴。这句话说尽了当时社会制度的缺憾。范蠡是太史公司马迁所撰《史记·货殖列传》中所记载的第一位货殖专家，他曾拜计然为师，研习治国治军方略，博学多才，有"圣贤之明"，是春秋时代著名的政治家。他不仅工于谋略、有渊博及系统化的经济思想，而且他本人亦凭借其经济智慧赢得了巨大的财富。老实说，现代经济学很多供求机制的理论，我国历史中也有记载。范蠡"积着之理"目的是务求货物完好，没有滞留的货币和资金，提醒容易变坏的货物不要久藏，切忌冒险囤居以求高价。研究商品过剩或短缺的情况，就会懂得物价涨跌的道理。物价贵到极点，就会返归于贱；物价贱到极点，就会返归于贵。当货物贵到极点时，要及时卖出，视同粪土；当货物贱到极点时，要及时购进，视同珠宝。货物、钱币的流通周转要如同流水那样生生不息。

范蠡的"计然之术"，还试图从物质世界出发，探索经济活动水平起落波动的根据；其"待乏"原则则阐明了如何预计需求变化并做出反应。他主张平价出售粮食，并平抑调整其他物价，使关卡税收和市场都不缺乏。这不但是治国之道，其实更是国家积极调控经济的方略。

"知道要打仗，就要做好战备；要了解货物，就要明白何时出现需求"，"旱时，要备船以待涝；涝时，要备车以待旱"。强调人们不仅要尊重客观规律，而且要运用和把握客观规律，应用在变化万千的经济现象之中。

我觉得范蠡一生可算无憾，有文仲这等知心相重的知交，有西施可共渡艰难、共享荣光的伴侣，最重要的是有智慧守护终生。我相信他是快乐的，因为他清楚知道在不同时候，自己要担当什么角色，而且担当得都这么出色，这么诚恳有节。勾践败国，范蠡侍于身后，不被夫差力邀招揽所动。范蠡助勾践复国后，看透时局，离越赴齐，变名更姓为鸱夷子皮。他与儿子们耕作于海边，由于经营有方，没有多久，产业竟然达数十万钱。

齐国人见范蠡贤明，欲委以大任。范蠡却相信"久受尊名，终不是什么好事"。于是，他散其家财，分给亲友乡邻，然后怀带少数财物，离开齐到了陶，再次变易姓名，自称为陶朱公。

他继续从商，每日买贱卖贵，没过多久，又积聚资财巨万，成了富翁。

范蠡老死于陶。一生三次迁徙，皆有英名。

书中没有记载范蠡终归是否无憾。我们的中国心有很多包袱，自我概念未能完善发展。范蠡没有日记，没有回忆录；只有他行动的记录，故无法分析他的心态。他历尽艰辛协助勾践复国，又看透勾践不仁不义的性格，他建立制度，却又害怕制度；他雄才伟略，但又厌倦社会的争辩和无理；他成就伟大，却深刻体会到世间上最强、最有杀伤力的情绪是妒忌，范蠡为什么会有如此消极的抗拒？（不参与本身就是一种抗拒）

说完我国著名历史人物范蠡，我想谈一谈一个美国的伟人。

来自另一个世界的本杰明·富兰克林。他墓碑上只简单地刻着"富兰克林，印刷工人"几个字。但他是闻名于世的哲学家、政治家、外交家、作家、科学家、商家、发明家和音乐家，像他这样在各方面都展现卓越才能的人是少见的。

富兰克林 1706 年生于波士顿，家境清贫，没有接受全面完整的科学理论教育，他一直努力弥补这一遗憾，完全是靠自学获得了广泛的知识。他 12 岁当印刷学徒，1730 年接办宾州公报，其间，他《可怜李察的日记》一纸风行，成为除圣经外最畅销的书。富兰克林在美国费城从事印刷事业，出版报纸、为政府印刷纸币，实业上获得了很大成功。富兰克林超越年龄的智慧，对别人的关心，健全的思维，富于美德的生活方式，以及他对公共事业的热心很快赢得了当地居民的信任。后来，居民们推举富兰克林担任该地区许多重要职务。他曾经立下志愿，凡是对公众有益的事情，不管多么困难，都要努力承担。自 1748 年始，他开展了不同的公共项目，包括建立图书馆、学校、医院等等。

富兰克林是一个很积极的人，通过出版，他不断吸收学习，通过科研来满足他对自然的好奇。做好事、做好人是驱动富兰克林终生的核心思想，他极希望自己做的每一件事，均有益于社会，或有用于社会，身体力行为后人谋取幸福。

他名成利就后不忘帮助年轻人找到自己的增值方法，在他《给一个年轻商人的忠告》(Advice to a Young Tradesman) 文章内很实际的名句 "Time is money, credit is money"，将时间和诚信作为钱能生钱 (Money begets money) 可量化的投资，在《财富之路》(The Way to Wealth) 一文内，富兰克林清楚简单地说明，勤奋、小心、俭朴、稳健是致富之核心态度。勤奋为他带来财富，俭朴让他保存产业。富兰克林十三个人生信条他都写得简明扼要，生动活泼，很受当时人们的欢迎，节制、缄默、秩序、决心、节俭、勤勉、真诚、正义、中庸、清洁、平静、贞节、谦逊几乎全可作为年轻人的座右铭。

在美国独立战争期间，他曾出使法国，争取法国的支持。他的杰出工作，赢得了法国人民对美国人民的同情与支持，为独立战争的胜利做出了贡献。直到 83 岁高龄，他才辞去一切公务。制宪会议一开始，德高望重的富兰克林就表现出了一个政治家的博大胸怀。1785年5月25日那天,宾夕法尼亚(Pennsylvania)代表团提议由华盛顿担任大会主席,并得到了一致同意。虽然那天富兰克林因故没有出席,可是提名华盛顿将军的,却是富兰克林本人。后来当上美国总统的麦迪逊在他的笔记里写道:"这项提名来自宾夕法尼亚,实为一种特殊礼遇,因为富兰克林博士一直被认为是唯一可与华盛顿竞争的人。"此时的富兰克林已经81岁。虽然年事已高,富兰克林坚持留给制宪会议的绝非是名誉高位,而是胸襟、智慧和爱国精神。

1790年,这位为教育、科学、公务献出了自己一生的人,平静地与世长辞。他获得了很高的荣誉,美国人民称他为"伟大的公民",历代世人都给予他很高的评价。人类历史丰碑上永远会铭刻着富兰克林的名字。

范蠡和富兰克林,两个不同的人,不同时代,不同文化背景,放在一起说好像互不相干,然而他们的故事值得大家深思。范蠡改变自己迁就社会,而富兰克林推动社会的变迁。他们在人生某个阶段都扮演过相同的角色,但他们设定人生的坐标完全不同。范蠡只想过他自己的日子,富兰克林利用他的智慧、能力和奉献精神建立未来的社会。就如他们从商所得,虽然一样毫不吝啬馈赠别人,但方法成果却有天渊之别。范蠡赠予邻居,富林克林用于建造社会能力(Capacity Building),推动人们更有远见、能力、动力和冲劲。有能力的人可以为社会服务,有奉献心的人才可以带动社会进步。

今天的中国人是幸运的,我们经历着中国历史从来未见的制度工程,努力建设持续开放及法治的社会,拥抱经济动力和健康的自我概念的发展,尽管未尽完善,亦不必像范蠡一样受制于当时社会价值观,只能以"无我"为外衣,追求"自我",今日我们可以像富兰克林建立自我,追求无我。在今天,停滞的思维模式已变得不合时宜,这不是要弃旧立新,采取二元对立、非黑即白的思维,而是要鼓励传统的更生力,使中国文化更适用于层次多元的世界。在全球化的今天，我们要懂得比较历史，观察现在和梦想未来。从商的人，应更积极、更努力、更自律，建立公平公正，有道德感，自重、有守法精神的社会，才可为稳定、自由的原则赋予真正的意义。尽管没有外在要求，我们要愿意利用我们的智慧和勇气，为自己、企业和社会创造财富和机会，各适其适。最近我阅读到一段故事——《三等车票》，在印度一位善心的富孀，临终遗愿要将她的金钱留给同村的贫困小孩分批搭乘三等火车，让他们有机会见识自己的国家，增长知识之余，更可体会世界的转变和希望。

"栽种思想，成就行为；

栽种行为，成就习惯；

栽种习惯，成就性格；

栽种性格，成就命运。"

这不知道是谁说的话，但我觉得适用于个人和国家。

（本文摘编自李嘉诚在汕头大学长江商学院主办的"与大师同行"讲座上发表题为"奉献的艺术"的讲演。）

无心睡眠

可能因为网络上的许多讨论，最近很多朋友，不约而同，积极向我推介各种酣眠良方，有气功的、有食疗的、有中西各种灵方妙药——希望我可以在晚上睡得好点。朋友关怀那份浓厚情谊令我感动，但大家讨论我长夜里未能成眠的热切……对我却是一番鼓舞。我今年85岁，事态间，各种个人得失，早被风风雨雨冲淡，还有何忧心？

我忧心，在全球化、知识经济的时代，各人智商、能力和努力程度不一样——机会失衡成为"新常态"。

我忧心，国家资源局限成为未来发展的难题。

眼前，我们需要把困难变为机遇；

眼前，我们急需科技拓阔创新；

政府要有灵活方略，处理价值世界和实际世界间微妙的关系，特别在再分配的调节机制上，不要让"贫富悬殊的愤怒"和"高福利负担"一事的两面现象，持续让社会停滞和不安；政府必须率先纳新求变、开拓思维，政府必须深切推行教育改革，我一直认为投资教育失当是对未来严重的罪行。

我忧心，人与人之间欠缺互信：信任是凝聚理性社会一个重要的环节，当它未能成为润泽社会的"正能量"，当大家总觉得一切在变味，对一切存疑，认为公平正义被腐蚀时，政经生态均会走向循环的大滑坡：构建社会信任——是民族最好的无形资产。

各位同学，你们今天毕业了，在新大门的真理钟敲响之时，你对未来的许诺是什么？每天晨光初现时，你可曾对社会的问题有所记挂？你会是，视而不见、无动于衷，还是渊深邃密、锲而不舍？一个有真能力的人，总会自觉地把"推动社会进步"视为己任。

不可言诠的世界，她的未来需要你们年轻人的承担、需要你们正面的价值观、需要你们的关怀、需要你们的耐心，也需要你们解决问题的能力，尽其心者知其性，有你们推动社会进步的决心和坚持，就是你我在变动不居的世局中最好的酣眠良方！

（本文摘编自李嘉诚于 2014 年汕头大学毕业典礼上的致辞）

[1] 王志纲.成就李嘉诚一生的八种能力 [M].北京：金城出版社，2009.

[2] 端木自在.为人三会：会做人会说话会办事 [M].上海：立信会计出版社，2014.

[3] 冯仑.野蛮生长 [M].广州：广东人民出版社，2013.

[4] 李忠海.李嘉诚传：峥嵘 [M].北京：国际文化出版公司，2014.

[5] 张亮.你所不知道的李嘉诚：神话与误读背后 [J].环球企业家，2006.

[6] 柳赫.我的江湖，还未褪色：李嘉诚：不被逆转的神话 [J].领导文萃，2015.

[7] 独特的眼光比知识更重要 [J].意林故事，2012.

[8] 周牧辰.李嘉诚请客 [N].生命时报，2014.

[9] 陈新焱.李嘉诚：孤独是他的能量[N].南方周末，2013.

[10] 柳叶刀.脱亚入欧——李嘉诚曾抓住这四个浪潮 [OL].百度百家，2015.

后记
HOUJI

"对人诚恳,做事负责,多结善缘,自然多得人的帮助;淡泊明志,随遇而安,不作非分之想,心境安泰,必少许多失意之苦。"李嘉诚如是说。共勉。

在《财富的根基:李嘉诚给年轻人的10堂人生智慧课》一书的写作过程中,笔者查阅、参考了大量的文献资料,部分精彩文章未能正确注明来源,希望相关版权拥有者见到本声明后及时与我们联系,我们都将按相关规定支付稿酬。在此,深深表示歉意与感谢。

由于本书字数多,工作量巨大,在写作过程中的资料搜集、查阅、检索得到了很多朋友的帮助,在此对他们表示感谢,他们是徐惠珍、吴淑皇、苏定林、石咏梅、苏达云、庄焕艳、王国怀、李汉孟等。